-SUP- en poche

PSYCHO

L1 / L2

Statistique descriptive

Stéphanie Baggio
Stéphane Rothen
Stéphane Deline

de boeck SUPÉRIEUR

Pour toute information sur notre fonds et les nouveautés dans votre domaine de spécialisation, consultez notre site web : www.deboecksuperieur.com

Rue du Bosquet 7, B-1348 Louvain-la-Neuve

1re édition 2017
1er tirage 2017

Imprimé aux Pays-Bas

Dépôt légal :
Bibliothèque Nationale, Paris : août 2017
Bibliothèque royale de Belgique, Bruxelles : 2017/13647/125

ISSN 2566-2716
ISBN 978-2-8073-1491-7

Utiliser R avec cet ouvrage

Dans ce livre, en plus des concepts statistiques présentés, nous avons choisi de vous sensibiliser à l'usage d'un logiciel statistique afin que vous deveniez vraiment autonomes. Le logiciel choisi est le logiciel R, gratuit, puissant et modulable.

Si vous n'êtes pas déjà familier avec R, commencez par lire la partie 5 qui est une introduction simple à l'usage de ce logiciel. Cela vous permettra de faire les exercices des autres parties.

Vous pouvez (devez ?!) également télécharger des bases de données et des scripts R utiles pour certains exercices et qui vous permettront de reproduire les exemples des cours. Ces fichiers à télécharger se trouvent dans un dossier compressé .zip téléchargeable sur le site de l'éditeur :

www.deboecksuperieur.com

Il vous suffit d'entrer le code de l'ouvrage (9782807314917) dans la barre de recherche, de cliquer sur l'image du livre puis sur le lien repris dans la rubrique « Ressources » en bas de la page web.

Vous trouverez dans ce dossier trois sous-dossiers contenant les fichiers suivants :

- les données (« Data ») : bases de données et fichier des fonctions utilisées dans les cours.
- les scripts au format .R (dossier « Scripts_R ») : scripts à utiliser dans un environnement R (comme R-Studio) ou avec un éditeur de code R (par exemple Tinn-R) et qui correspondent aux fonctions présentées dans chacun des cours.
- les scripts au format .txt (dossier « Scripts_txt ») : scripts à utiliser si vous préférez utiliser R (plutôt que R-Studio) et qui correspondent aux fonctions présentées dans chacun des cours.

Nous vous recommandons d'utiliser les fichiers avec l'extension .R dans R-Studio pour vous initier à l'utilisation de R.

Attention : les scripts R correspondant aux exercices du livre sont accessibles directement dans les corrigés. Aucun fichier script n'est disponible pour ceux-ci.

Sommaire

INTRODUCTION
Pourquoi étudier la statistique

Cet ouvrage vise à relativiser l'enseignement de la statistique en montrant qu'il est abordable, même sans connaissances avancées en mathématiques. En effet, il s'agit non pas d'étudier la théorie statistique en soi, mais de l'appliquer à la psychologie. Toutefois, pour user des statistiques avec raison, il est indispensable de comprendre ce à quoi elles servent et comment s'en servir.

1 Pourquoi des statistiques en psychologie ?

- Il existe plusieurs définitions de la psychologie : l'une scientifique, l'autre plus intuitive.
- La **définition intuitive** est celle communément partagée et correspond à l'idée que le plus grand nombre se fait de la psychologie : *la psychologie est la connaissance empirique ou intuitive des sentiments, idées, croyances ou encore comportements d'autrui.* Elle permet de se mettre à la place des autres, de deviner leurs attentes, leurs envies, etc.
- La **définition scientifique** est celle que l'on utilise dans le cursus de psychologie : *la psychologie est l'étude scientifique des faits psychiques*. Les faits psychiques renvoient aux comportements, aux états mentaux et aux processus mentaux.

Attention

Certains étudiants choisissent la filière Psychologie en s'appuyant sur la première définition, c'est-à-dire avec une vision erronée de la façon dont est conçue la psychologie à l'université. Ils seront fort déçus, puisque la psychologie telle qu'elle leur sera enseignée ne leur permettra jamais de prédire le comportement de quelqu'un selon qu'il préfère les pommes rouges ou vertes, ni de lire dans autrui comme dans un livre ouvert. Elle donne des bases scientifiques à la compréhension des faits psychiques, en recourant notamment à la méthode expérimentale et aux statistiques.

Application. Exemples de faits psychiques

Par **comportement**, on entend l'ensemble des manifestations observables de notre activité, comme donner une gifle à quelqu'un. Les **états mentaux** correspondent quant à eux à ce qui est éprouvé par les individus et réfléchi par la conscience, comme la haine de la personne à laquelle on a donné une gifle. Enfin, les

processus mentaux sont les activités mentales qui se situent à l'origine des comportements et des états mentaux : comprendre ce que l'autre a dit et qui était blessant, raisonner pour le gifler ou s'abstenir, faire une déduction quant à la réaction de l'autre et au caractère peu désirable du geste, etc.

2 À quoi sert la statistique ?

- La statistique est fondamentale pour plusieurs raisons :
  - Pour évaluer les théories et les techniques ;
  - Pour atteindre un meilleur savoir conceptuel ;
  - Pour garantir le caractère scientifique de l'acquisition de connaissances ;
  - Et même la vie quotidienne est remplie de statistiques.

Mise en pratique

L'intérêt des statistiques dans la vie quotidienne

M. Junior W., citoyen américain de son état, décide de passer ses vacances à Paris. Au moment de faire ses valises, il ne sait qu'emmener : T-shirts et shorts ou bien pulls de laine et grosses chaussettes ? Laissant son sac en plan, il se met en quête des températures de ce pays. Il trouve le tableau suivant :

	Janv	Fév	Mars	Avr	Mai	Juin	Juil	Août	Sept	Oct	Nov	Déc
T° moyenne	4	5	8	10	14	17	19	19	16	12	7	6
Écarts de t°	2	2,5	3	3	4	4	4,5	5	3	2	1,5	1,5

Partant au mois de mai, M. Junior W. commence à remplir sa valise de T-shirts et de pulls légers. Puis, saisi d'un doute, il s'arrête de nouveau : la température moyenne qu'il a trouvée est-elle homogène ? Ou bien fait-il 5 °C le matin et 20 °C l'après-midi ? Il retourne devant son ordinateur et regarde la seconde ligne du tableau dont il s'était désintéressé quelques minutes auparavant. Cette valeur lui indique la dispersion autour de la température moyenne. À Paris, en mai, la température varie donc en moyenne de 10 °C à 18 °C. Il ne reste plus à notre vacancier qu'à achever ses valises en prenant soin de prévoir des vêtements chauds et d'autres plus légers.
Cet exemple illustre l'intérêt pratique et immédiat des statistiques : grâce à l'estimation de la moyenne et de la dispersion de la température, statistiques présentées dans cet ouvrage, M. Junior W. sait à quoi s'attendre et s'évitera de tomber malade pendant ses vacances.

- On peut ainsi deviner que les statistiques permettent de synthétiser des données fort nombreuses. C'est ce qu'on appelle les **statistiques descriptives**, lesquelles consistent à résumer des données par diverses méthodes qui seront abordées au fil du livre.
- Par la suite, on pourra s'intéresser à tester si plusieurs groupes sont différents ou équivalents, ou encore généraliser les résultats obtenus sur une partie de la population à son ensemble. On parlera alors de **statistique inférentielle**, qui ne sera pas abordée dans cet ouvrage.

Attention

Statistique ou statistiques ?

La statistique, c'est la branche, comme la mathématique, la géographie, etc. Une statistique, c'est un indice calculé sur un échantillon, comme par exemple la moyenne. Ainsi, les statistiques sont l'ensemble des indices calculés sur un échantillon, comme par exemple la proportion d'hommes et de femmes, la moyenne de leur âge, de leur taille et leur écart-type associé. En revanche, en anglais, la statistique est au pluriel : *statistics*.

Partie 1

Méthodologie et vocabulaire

COURS 1
La méthode scientifique

[MOTS-CLÉS : causalité, hypothèse, problématique, procédure]

DÉFINITION

La **méthode scientifique** correspond à un ensemble de procédures rigoureuses et standardisées mises en œuvre afin de répondre à des questions de recherche.

1 Les éléments clés de la méthode scientifique

- La méthode scientifique peut se voir comme un **processus circulaire** ayant pour but de :
  1) Comprendre un phénomène ;
  2) Augmenter les connaissances dans un domaine spécifique ;
  3) Avoir une base solide pour entreprendre des actions.
- Elle est construite sur des démarches rigoureuses et utilise des instruments fiables.
- Elle doit se conformer à deux règles importantes :
  1) La **reproductibilité**, c'est-à-dire la possibilité de répéter une expérience donnée n'importe où et par n'importe qui ;
  2) La **falsifiabilité** (ou réfutabilité), c'est-à-dire que toute proposition scientifique est susceptible d'être réfutée.

Schéma de la méthode scientifique

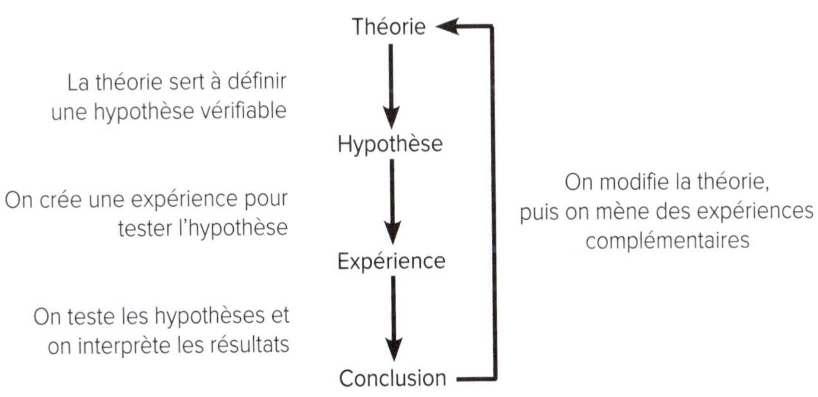

- Idéalement, cette méthode a pour but de protéger le/la scientifique de la subjectivité.

1.1 Étape 1: La question de recherche

- À l'origine de toute étude se trouve une **question**. Celle-ci peut provenir d'une observation faite, de l'intérêt du/de la scientifique, ou encore d'une demande qui lui est adressée. Les questions peuvent être, *a priori*, de n'importe quelle nature. Cela peut aller de «Comment se forment les nuages?» à «Quel est l'impact de la consommation de cannabis sur la qualité de vie?»
- Il s'agit d'abord de savoir si la réponse existe déjà ! Pour cela, le/la scientifique procède notamment à une **revue de littérature**, en recensant l'ensemble des travaux effectués dans le domaine. Selon les résultats de cette recherche, une **problématique** sera alors définie, ce qui revient à se poser les questions suivantes:
  - Qu'étudie-t-on?
  - Quel en est l'intérêt?
  - Dans quel but?
  - Quelles sont les lacunes des travaux déjà existants?
  - Qu'est-ce que l'étude envisagée pourrait combler?
- Ainsi, la question de départ se voit précisée. Par exemple, si la question d'origine était: «Faut-il manger du poisson?», elle peut devenir: «À quelle fréquence les Français mangent-ils du poisson?» ou «Manger du poisson diminue-t-il le risque cardio-vasculaire?» ou «La quantité de mercure dans le poisson représente-t-elle un risque pour l'humain?» ou encore «Quels nutriments sont bons pour la santé dans le poisson?», etc.
- À cette étape, nous pourrons dire précisément:
  1) Quelle est la question de recherche;
  2) Pourquoi cette question est importante (évaluation du contexte et de la pertinence de la question).

1.2 Étape 2: La prédiction

- À partir de ce travail, le/la scientifique est capable de formuler une **hypothèse de recherche**.
- Une hypothèse de recherche doit avoir la forme d'une **affirmation**, c'est-à-dire proposer une réponse possible à la question posée. En effet, le/la scientifique a bien souvent une idée de la réponse à la question posée, précisée lors de la revue de littérature, de son expérience du terrain ou encore d'autres sources d'information.

L'hypothèse est ensuite mise à l'épreuve statistiquement. Un exemple d'hypothèse de recherche pourrait être : « Les personnes qui utilisent beaucoup Facebook se soucient moins de la confidentialité de leurs données. »

- Dans la vie quotidienne, on procède sans cesse à ce genre de raisonnement, mais le plus souvent sans aller jusqu'à vérifier ses affirmations.
- Cette étape nous permet de **prédire** le résultat de l'étude.

1.3 Étape 3 : L'expérience

- Il est ensuite nécessaire de **planifier l'étude**, c'est-à-dire de définir les variables, de choisir les instruments de mesure, de définir la population cible, de décrire le déroulement temporel, de choisir la manière de recruter les sujets, de préparer le **recueil des données** et de choisir le type d'analyse qui va être réalisée.
- Les **variables** (voir **cours 3**) sont les « choses » que l'on veut mesurer, comme par exemple le sexe, l'âge, le taux de cholestérol, le quotient intellectuel, le degré d'extraversion, etc.
- Les **instruments de mesure** sont les outils qui vont permettre de mesurer les variables d'intérêt, ou autrement dit, les opérationnaliser, par exemple un questionnaire d'extraversion (voir **cours 5**).
- La **population** (voir **cours 2**) est l'ensemble des personnes pour qui la question de recherche est pertinente, par exemple, les Français, les enfants de 8 ans, les personnes souffrant de diabète, etc.
- La planification du **recueil de données** (voir **cours 7**) est très importante, car elle a un impact majeur pour l'analyse des données. Est-ce que cela va être un questionnaire papier-crayon dont les données vont ensuite être entrées dans un tableur type **Excel**, est-ce que le questionnaire se trouve sous forme informatisée accessible via Internet, est-ce que l'on posera des questions ou bien laissera-t-on les personnes parler librement ? Etc.
- À cette étape, nous pouvons répondre aux questions suivantes :
  - Comment l'étude est-elle structurée ?
  - Comment va-t-elle se dérouler ?
  - Quelle sera sa population et comment les participants seront-ils recrutés ?
  - Combien de sujets faut-il ?
  - Quelles sont les mesures qui vont être faites ?
  - Quelles analyses vont être réalisées ?

1.4 Étape 4: La conclusion

- Une fois les données recueillies, on procède à l'**analyse des résultats** à l'aide des outils statistiques.
- Ensuite on passe à l'**interprétation** de ces résultats, et enfin, on émet une **conclusion quant à l'hypothèse testée**.

1.5 Le doute

- Au cœur de la démarche scientifique se trouve le **doute**.
- Selon l'aphorisme de Box et Draper, «tous les modèles sont faux, mais certains sont utiles». Cela signifie que les théories qui décrivent le réel ne sont pas la vérité et qu'elles sont appelées à être affinées, modifiées ou même totalement rejetées. Ainsi, le/la scientifique ne doit rien considérer comme acquis et constamment questionner la théorie.

Mise en pratique

C'est le doute qui permit à Einstein de formuler la théorie de la relativité. En effet, les physiciens de l'époque connaissaient l'existence d'une incompatibilité entre la théorie et un certain phénomène observé, mais ils adoptaient la position selon laquelle l'observation devait être mal faite. La démarche d'Einstein a été de rejeter la théorie de l'époque afin d'en fonder une nouvelle permettant d'expliquer l'observation jusque-là aberrante. La relativité restreinte était née.

1.6 La causalité

- Le plus souvent, les scientifiques s'intéressent à identifier les **liens** entre plusieurs phénomènes afin de répondre à la question suivante: quel phénomène cause l'autre? Par exemple, est-ce que la détresse psychologique conduit à consommer plus d'alcool, ou bien l'alcool a-t-il pour conséquence la détresse psychologique?
- La statistique ne permet pas de répondre à cette question, et l'erreur fréquente consiste à faire des **interprétations causales abusives**.
- Le concept de causalité n'est en fait ni univoque, ni universellement accepté. Le philosophe et mathématicien Bertrand Russell proposa même de bannir ce terme du vocabulaire philosophique.
- Néanmoins, si on accepte l'idée de causalité, il existe des **procédures** à respecter scrupuleusement pour suggérer la possibilité d'une causalité liant deux phénomènes.

Application. Interprétations causales fallacieuses

Le lien entre santé et fêtes d'anniversaire

Comme le fait remarquer Den Hartog, professeur américain, « il est prouvé que fêter les anniversaires est bon pour la santé. Les statistiques montrent que les personnes qui en fêtent le plus deviennent les plus vieilles ».

Dans cette citation, le professeur inverse la causalité : ce n'est pas parce qu'on vieillit que l'on est en bonne santé, mais c'est parce qu'on est en bonne santé que l'on devient plus vieux (et donc que l'on fête plus d'anniversaires)...

Le lien entre fatigue et antibiotiques

Lorsque nous prenons des antibiotiques, nous nous sentons fatigués. Ainsi, nous en déduisons que la prise d'antibiotiques est à l'origine de cet épuisement. En fait, une variable intermédiaire (ou *variable parasite,* voir **cours 4**) se glisse entre les deux variables : la maladie. En effet, la fatigue est causée par l'infection qui nécessite la prise d'un antibiotique.

- Les scientifiques doivent donc se méfier des interprétations causales, qui peuvent être facilement abusives, même si ce n'est souvent pas intentionnel. En effet, l'homme a une tendance naturelle à rechercher des liens de cause à effet dans la nature et dans les phénomènes qui l'entourent.

Attention

Ce n'est pas parce qu'on trouve une relation entre deux variables que l'on peut en déduire que l'une cause l'autre.

- Pour pouvoir conclure à l'existence d'un lien causal entre deux phénomènes, plusieurs éléments de méthodologie doivent être appliqués (voir **cours 4 et 6**).

Mise en pratique

Risque routier et genre

De nombreuses études montrent que les hommes ont plus d'accidents de voiture que les femmes. Est-ce un effet génétique ou hormonal, donc spécifique à la notion biologique de sexe ? Ou bien est-ce dû à des facteurs sociaux, qui poussent les hommes à prendre plus de risques et donc à conduire plus dangereusement ? Pas seulement. Ainsi, entre autres nombreuses recherches sur le sujet, on a pu montrer que les hommes ont tendance à consommer plus d'alcool avant de prendre le volant que les femmes, ce qui constitue un facteur de risque incontestable. On ne peut donc conclure directement à un lien de causalité entre genre et risque routier, dans la mesure où un certain nombre d'autres variables non mesurées s'intercalent entre ces deux variables.

Attention
Résumé des interprétations causales

Proposition : L'évènement A est lié à l'évènement B.

Conclusion : A cause B.

La conclusion peut être erronée, car plusieurs types de relations peuvent expliquer le lien entre A et B :

1. A est *peut-être* la cause de B.
2. B est *peut-être* la cause de A.
3. La relation entre A et B est causée par C, évènement non observé.
4. Une combinaison de ces différentes sources de causalité.
5. Si une seule étude est menée, le simple hasard peut être la raison du lien observé.

2 La démarche scientifique : et après ?

- De manière générale, comme pour l'ensemble des sciences, la psychologie se doit de répondre à plusieurs questions.

2.1 Comment expliquer de façon objective des phénomènes empiriques ?

- Imaginons que je plonge ma main dans l'eau et je la trouve brûlante. Il s'agit d'une **expérience empirique et subjective** : mon voisin ne trouvera peut-être pas l'eau aussi chaude que moi. Pire encore : si je plonge ma main dans de l'eau froide puis dans de l'eau chaude, je vais la trouver encore plus chaude.
- En revanche, si je plonge un thermomètre dans l'eau et que celui-ci indique une température de 40° C, j'aurai alors une **connaissance objective** de la température de l'eau.
- Le principe est le même en psychologie, bien que les concepts ne soient pas si simples à mesurer : il n'existe nul thermomètre permettant de mesurer les attitudes ou encore la dépression.
- De plus, si la question de la mesure objective de la température de l'eau est souvent utile, cela relève plutôt de la physique. Par contre, il est tout aussi intéressant d'essayer de comprendre pourquoi deux individus perçoivent différemment une même température, ou pourquoi le passage préalable par l'eau froide change la perception de l'eau chaude juste après. Et c'est la psychologie (et, dans ce cas, la physiologie) qui nous permettra d'y répondre.

2.2 Comment généraliser et expliquer les résultats obtenus ?

- Il y a là trois grandes questions :
- celle de la **généralisation des résultats** : étendre des résultats obtenus sur un échantillon à la population (voir **cours 2**) ;
- celle de la **théorisation** : rassembler des connaissances diverses sous une même théorie explicative ou remettre en question la théorie actuelle à la lumière de nouveaux éléments ;
- celle de la **réplicabilité** : il s'agit à la fois de la question de la réplication des résultats, qui permet leur vérification, éventuellement leur correction, et de leur approfondissement.

2.3 Comment transmettre ces connaissances ?

- Une fois les conclusions de l'étude posées, le/la scientifique doit les soumettre à **l'évaluation** par la communauté de ses pairs via le processus d'évaluation par les pairs (en anglais ***peer review***) des journaux scientifiques.
- Il est également nécessaire de **vulgariser** les conclusions afin de les partager avec le plus grand nombre, même si dans les faits ce n'est pas toujours le cas.

Application. Inimitié et bien-être

Une chercheuse s'intéresse aux liens sociaux entre les adolescents, et plus précisément aux liens inamicaux et à leur effet sur le bien-être des adolescents.

Étape 1.

Ce qui est connu : Au terme d'une revue de littérature, la chercheuse se rend compte que les liens inamicaux peuvent engendrer du mal-être chez les adolescents (par exemple : dépression, agressivité, anxiété).

Les lacunes : La chercheuse constate que le bien-être n'est pas généralement mesuré en tant que tel. La dépression ou encore l'anxiété sont souvent mesurées, mais pas le bien-être psychologique. Elle remarque également que les résultats des études sont parfois contrastés, c'est-à-dire que dans certains cas, le fait d'avoir des inimitiés n'est pas associé à la détresse psychologique (être dépressif ou être anxieux), et dans d'autres cas si.

Étape 2.

La chercheuse formule **l'hypothèse** suivante : les adolescents ayant beaucoup d'ennemis sont plus susceptibles d'avoir un bien-être réduit que les adolescents qui en ont moins ou qui n'en ont pas.

Étape 3.

La chercheuse définit la **mesure des variables**. Elle décide que l'inimitié sera mesurée par le nombre d'ennemis dans la classe, et le bien-être à l'aide d'une échelle standardisée de bien-être subjectif, comme l'échelle de satisfaction avec la vie de Diener.

Étape 4.

Une fois les données recueillies dans une école, la chercheuse peut procéder à leur **analyse**, en commençant par les statistiques descriptives décrites dans cet ouvrage.

Exercice 1

Dans chacun des exemples suivants, décidez dans quels cas la connaissance des phénomènes empiriques est obtenue en suivant la méthode scientifique (vrai ou faux).

1) Vous constatez que votre petit frère a beaucoup d'ennemis dans sa classe et qu'il est malheureux. Vous concluez que l'inimitié a des effets néfastes sur le moral des individus.
   ❑ vrai ❑ faux
2) Une étude menée sur un groupe de 100 enfants montre que les enfants ayant des parents sociables ont plus d'amis que les enfants dont les parents sont peu sociables.
   ❑ vrai ❑ faux
3) Un de vos amis instituteur déclare que l'amitié est structurée de manière homogène car il a remarqué que dans sa classe, les enfants ont tendance à rester en groupes homogènes : les filles avec les filles, les garçons avec les garçons.
   ❑ vrai ❑ faux

Exercice 2

Lesquelles de ces phrases sont des hypothèses scientifiques ? (vrai ou faux)

1) Avoir des amis protège-t-il de la dépression ?
   ❑ vrai ❑ faux
2) Avoir un ami imaginaire rend les enfants moins sociables.
   ❑ vrai ❑ faux
3) Avoir un ange gardien rend les enfants plus heureux.
   ❑ vrai ❑ faux

Exercice 3

Les études montrent qu'un parent maltraitant a très souvent été victime de maltraitance durant sa propre enfance. Peut-on déduire de cette affirmation que quelqu'un qui a subi des maltraitances durant l'enfance deviendra un parent maltraitant ?

1 CORRIGÉS

Exercice 1

1) Faux : il s'agit d'une observation empirique sur un seul cas.
2) Vrai.
3) Faux : il s'agit d'une observation empirique, même si elle porte sur un groupe d'enfants.

Exercice 2

1) Faux : une hypothèse est une affirmation, et jamais une question.
2) Vrai.
3) Ça dépend de comment on définit « ange gardien ». Si on fait référence à une entité éthérée, alors il n'est pas possible de tester cette hypothèse puisqu'il est impossible d'avoir un instrument de mesure fiable pour mesurer l'existence des anges gardiens. Par contre si « ange gardien » signifie la personne qui veille sur l'enfant, alors dans ce cas, cela devient possible, même si cette dénomination est pour le moins inhabituelle.

Exercice 3

Évidemment, non ! C'est une erreur logique qui pourtant est très souvent faite. Les études montrent que A (être maltraitant) implique B (avoir été maltraité). En aucun cas on ne peut renverser les arguments : B implique A (cela s'appelle un contresens). Dans ce sens-là, il faut d'autres études, études qui montrent que ce n'est, justement, pas le cas. Lorsqu'on fait de la science, il nous semble primordial d'avoir des connaissances de logique formelle (en fait, tout le monde devrait avoir ces connaissances…). En particulier les *modus ponens* et *modus tollens* (Internet vous aidera !)

COURS 2
Sur qui ? Population et échantillon

[MOTS-CLÉS : échantillon, population, sujets, unités statistiques]

DÉFINITION

Les individus participant à une étude sont nommés **sujets** et ils forment un **échantillon**, sous-ensemble de la **population**.

1 Les sujets

- Les individus qui participent aux études en psychologie sont appelés **sujets** ou **participants**.
- Il s'agit le plus souvent de personnes physiques, mais ce n'est pas nécessairement le cas : ce peut être un groupe de personnes (par exemple un couple, un ménage, un pays) ou bien un évènement (un accident de la route, un décès, etc.). Parfois, cela peut aussi être un animal (rat, singe, etc.)
- Pour qu'un individu puisse devenir le sujet d'une étude, il doit posséder des caractéristiques très précises, c'est-à-dire provenir de la population qui nous intéresse, comme par exemple être une personne âgée de plus de 65 ans ayant du diabète.
- En statistique, on emploie souvent le terme d'**unité statistique**, lequel présente l'avantage de moins évoquer les personnes physiques. Une unité statistique est un élément sur lequel on prend une ou plusieurs mesures.

2 La population

- L'ensemble des sujets auxquels on s'intéresse constitue la **population** de l'étude.
- Les caractéristiques de la population doivent être définies très précisément. Cette caractérisation se fait en fonction de la question de recherche.

- Pour différentes raisons, on n'interroge généralement pas l'ensemble de la population étudiée :
  - Ce n'est pas faisable (faute de temps, de moyens, etc.).
  - Ce n'est pas nécessaire (les informations obtenues sont redondantes).

Mise en pratique

La population dépend des objectifs de la recherche

Si l'on étudie la violence en milieu scolaire, la population sera l'ensemble des élèves scolarisés. Cela peut sembler suffisant à première vue, mais cela peut être affiné. Par exemple, on peut utiliser uniquement une région précise, un âge minimum, etc.

Si l'on s'intéresse à l'insertion sociale des individus atteints de démence en Suisse, la population se limitera à ceux-ci et concernera des sujets âgés plutôt que des jeunes.

2 L'échantillon

- Seule une partie de la population sera sélectionnée et interrogée : l'**échantillon**.
- L'échantillon constitue donc un sous-ensemble de la population.
- Le choix de cet échantillon doit être raisonné afin de pouvoir **généraliser** les résultats à l'ensemble de la population, ce qui constituera un objectif des statistiques inférentielles, non abordées dans le présent ouvrage.
- La méthode idéale pour retenir un échantillon consiste à prendre au hasard des sujets dans la population, c'est-à-dire à faire un **tirage aléatoire**, bien que cela ne soit pas toujours possible.
- Si le/la scientifique utilise les sujets qu'il/elle a facilement à disposition, on parle d'**échantillon de convenance**.

Attention

Dans le cas de l'étude sur la violence scolaire, les résultats seront tout à fait différents selon que les sujets sont recrutés dans une école de banlieue sensible, dans une campagne écartée de la ville ou dans un milieu aisé. Le/la scientifique doit être attentif au choix de son échantillon afin de pouvoir apporter une réponse valide à ses hypothèses.

Application. La recherche en psychologie sur les étudiants en psychologie

Les scientifiques sont souvent menés à employer les sujets qu'ils ont facilement à disposition, ce qui n'est d'ailleurs pas toujours incompatible avec les objectifs de la recherche. Ainsi, si pour une étude sur la mémoire un chercheur en psychologie prend les sujets qu'il peut recruter facilement (des étudiants de psychologie, et donc majoritairement de sexe féminin), les résultats seront différents que s'il avait recruté des personnes âgées dans une maison de retraite. Cet exemple est évidemment extrême, mais il témoigne de l'importance d'une définition précise de la population et par conséquent du choix de l'échantillon. Si le chercheur n'est pas vigilant, il pourra tirer des conclusions fausses simplement parce que l'échantillon étudié ne correspond pas (parfaitement) à la population définie par la question de recherche. Cela peut sembler évident, et pourtant, c'est assez fréquent !

2 EXERCICES

Exercice 1

Dans chacun des exemples suivants, indiquez quelle est la population étudiée.

1) Une chercheuse souhaite comparer le temps passé à étudier des étudiants de première et deuxième années à l'université et des étudiants en classes préparatoires pour les grandes écoles.
2) Un psychologue créé une étude pour estimer le taux d'utilisation du cannabis parmi les adolescents souffrant de dépression.
3) Une sociologue teste si la réussite scolaire des enfants français dépend de la réussite socioéconomique de leurs parents.

Exercice 2

Les échantillons ci-dessous correspondent aux questions de recherche décrites dans l'exercice 1. Décidez s'il s'agit d'un tirage aléatoire ou non.

1) La chercheuse interroge les 300 étudiants en première et deuxième année de psychologie auxquels elle donne cours, et demande à un collègue enseignant en classe préparatoire de faire de même avec ses 80 étudiants en prépa de mathématiques, physique et sciences de l'ingénieur.
2) Le psychologue se rend dans deux hôpitaux et sélectionne au hasard un échantillon de 100 adolescents parmi les adolescents diagnostiqués comme souffrant d'une dépression et suivis dans le service psychiatrique.
3) La sociologue génère des numéros de téléphone au hasard à l'aide d'un logiciel. Elle appelle ensuite ces numéros, et continue jusqu'à avoir un échantillon de 1 500 ménages avec au moins un enfant.

Exercice 3

Un élève voudrait savoir quelle est la proportion de garçons et de filles dans sa classe. Quelle sera la population et que représentera l'échantillon ?

Exercice 1

1) Les étudiants en première et deuxième année à l'université (toutes filières confondues) et les étudiants en classes préparatoires pour les grandes écoles.
2) Les adolescents souffrant de dépression (qu'ils utilisent ou non du cannabis).
3) Les ménages français avec enfant(s), de manière à avoir l'information concernant les enfants (réussite scolaire) et celle concernant les parents (réussite socioéconomique).

Exercice 2

1) Non : la chercheuse a utilisé un échantillon de convenance. Elle devra donc être vigilante quant aux conclusions qu'elle tirera de son étude, c'est-à-dire ne pas généraliser ses résultats aux étudiants des autres filières (et même aux étudiants des autres cours de psychologie/prépa si on veut être très rigoureux !)
2) Non : les adolescents diagnostiqués et suivis ne constituent pas un échantillon représentatif de la population totale des adolescents souffrant de dépression, dont nombre ne sont ni diagnostiqués, ni suivis. De plus, on ne sait pas comment les hôpitaux sont sélectionnés. Sélectionner au hasard ne suffit pas à faire que l'échantillon soit représentatif.
3) Oui.

Exercice 3

La population est : tous les élèves de sa classe. Comme la population est de petite taille et qu'il suffit à cet élève de compter discrètement les garçons et les filles lorsque le prof raconte des choses ennuyeuses, il n'est pas nécessaire de créer un échantillon. De plus, avoir toute la population permet de calculer la vraie proportion de garçons et de filles, alors que s'il prenait un échantillon, cette proportion serait seulement une estimation, donc imprécise.

COURS

3 Sur quoi ? Variables et échelles de mesure

[MOTS-CLÉS : échelle de mesure, modalités, observation, variable, valeurs]

DÉFINITION

Une **variable** est une caractéristique étudiée qui peut prendre plusieurs **valeurs** – ou **modalités**. On distingue des variables qualitatives et quantitatives, qui peuvent être mesurées au moyen de différentes **échelles de mesure**.

1 Variables et vocabulaire associé

- Le recueil de données porte sur des **variables**. Comme leur nom l'indique, il s'agit de quelque chose qui varie d'un individu à l'autre ou dans le temps, c'est-à-dire une caractéristique susceptible de prendre plusieurs valeurs et à laquelle le/la scientifique s'intéresse.
- On appelle **modalité** ou **valeur** une catégorie possible que peut prendre une variable.
- Les **modalités/valeurs possibles** (ou théoriques) recouvrent l'ensemble de modalités qui pourraient être observées chez les sujets.
- Les **modalités/valeurs observées** correspondent aux résultats effectivement obtenus par les sujets.
- Une modalité/valeur observée pour un sujet sur une variable est nommée **observation**.

Application. Exemples de variables et de modalités

Variable	Modalité/valeur
Sexe	Homme, femme
Catégorie socioprofessionnelle	Ouvrier, cadre, cadre supérieur...
Le poids des enfants de 10 ans	Entre 20 et 50 kg
Score à une échelle d'estime de soi	0, 1, 2, 3, 4, 5

Si aucun sujet n'a le score « 0 » pour l'estime de soi, « 0 » est une valeur possible, mais ce n'est pas une valeur observée. En ce qui concerne le poids des enfants de 10 ans, les valeurs possibles sont comprises entre 20 et 50 kg, mais sur un échantillon de 20 enfants, il n'y aura que 20 valeurs observées, toutes les autres ne le seront pas.

Attention

Il existe un décalage entre valeurs possibles et observées : toutes les modalités possibles ne sont pas forcément observées.

Mise en pratique

Fratrie et sociabilité

Un chercheur se demande si, au Québec, le fait d'avoir été élevé dans une famille comprenant une fratrie nombreuse est associé à un comportement sociable.

- **Population :** l'ensemble des enfants québécois.
- **Sujet :** chaque enfant québécois interrogé.
- **Variables** et **modalités/valeurs :** le nombre de frères et sœurs dans la famille (de 0 à 8 et plus) et leur score de sociabilité (mesuré au moyen d'une échelle en 10 points).
- **Observation :** le score de sociabilité obtenu par un enfant, le nombre de frères et sœurs pour un enfant.

2 Les types de variables

- Les variables étudiées peuvent être de différentes natures, selon les modalités/valeurs qu'elles peuvent prendre.
- Les **variables qualitatives** renvoient à des classes, des attributs, ou comme leur nom l'indique, des qualités.
- Les **variables quantitatives** correspondent quant à elles à des valeurs numériques.
- On appelle **modalités** les catégories possibles prises par une variable qualitative.
- On appelle **valeurs** les nombres possibles pris par une variable quantitative.
- On distingue les **variables quantitatives discrètes**, qui ont des valeurs finies qu'on peut énumérer, comme par exemple le nombre de courses gagnées par un cycliste ou le nombre d'adversaires qu'il a devancés, des **variables quantitatives continues**, qui peuvent prendre théoriquement une infinité de valeurs, comme par exemple le temps mis par le cycliste pour terminer une course, ou encore sa vitesse moyenne.

Application. Exemples de variables qualitatives et quantitatives

Type	Variable	Modalité/valeur
Qualitatif	Sexe	Homme, femme
	Catégorie socioprofessionnelle	Ouvrier, cadre, cadre supérieur…
	Mois de naissance	Janvier, février, mars…
	Mention à un examen	Passable, assez bien, bien, très bien
Quantitatif	Poids des enfants de 10 ans	Toutes les valeurs entre 20 et 50 kg
	Score à une échelle d'estime de soi	De 0 à 5
	Temps mis pour résoudre un problème	Toute l'échelle des minutes
	Moyenne générale au Bac	De 0 à 20

Attention

Il est important de noter que les variables sont qualitatives ou quantitatives par nature. Ainsi, le poids est par nature une variable quantitative, mesurée par le nombre de kilogrammes. Il peut toutefois être transformé en une variable qualitative, par exemple en décomposant les poids avec les modalités « lourd » et « léger ». Cette transformation est souvent déconseillée car elle conduit à une perte de la précision de l'information. En revanche, il sera beaucoup plus difficile de transformer une variable par nature qualitative comme le sexe en variable quantitative. Il existe bien des scores de masculinité-féminité, mais ce n'est pas exactement la transformation d'une variable qualitative en variable quantitative. C'est plutôt une autre manière de mesurer *a priori* les choses.

3 Les échelles de mesure

- Une **échelle de mesure** est un type d'instrument de mesure utilisé pour recueillir les observations faites sur une variable, c'est-à-dire l'instrument de mesure utilisé. On en distingue quatre sortes.
- Les **échelles nominales** sont utilisées pour des variables qualitatives, lorsque les modalités sont différentes les unes des autres et ne peuvent être comparées. Les variables nominales n'ayant que deux modalités sont dites **dichotomiques**.
- Les **échelles ordinales** sont également utilisées pour des variables qualitatives, mais les modalités peuvent être ordonnées. Elles sont donc

structurées par ce qu'on appelle en mathématique une relation d'ordre. Chaque modalité a quelque chose de plus que la précédente, mais l'écart entre deux modalités n'est pas mesurable.

- Les **échelles d'intervalles** sont employées pour des variables quantitatives. Ces échelles sont non seulement structurées par une relation d'ordre, mais l'intervalle qui sépare chaque valeur est le même. On peut donc faire des additions et des soustractions. Les échelles d'intervalles utilisent un zéro « relatif », c'est-à-dire un zéro fixé par convention et qui ne correspond pas à l'absence de quantité. Par exemple, une température de 0°C ne correspond pas à l'absence de température, mais à une valeur fixée plus ou moins arbitrairement.
- Les **échelles de rapport** présentent les mêmes caractéristiques que les échelles d'intervalle, mais elles ont en plus un zéro « absolu », c'est-à-dire un zéro qui correspond à l'absence de quantité. On ne peut avoir de valeurs négatives, comme par exemple une taille ou un poids négatifs. Cela permet de faire des rapports (divisions) en plus des opérations d'addition et de soustraction.

Attention

Les échelles de mesure conduiront à faire des choix d'analyse différents. Il est donc essentiel de bien les comprendre et les maîtriser.

Récapitulatif. Échelles de mesure

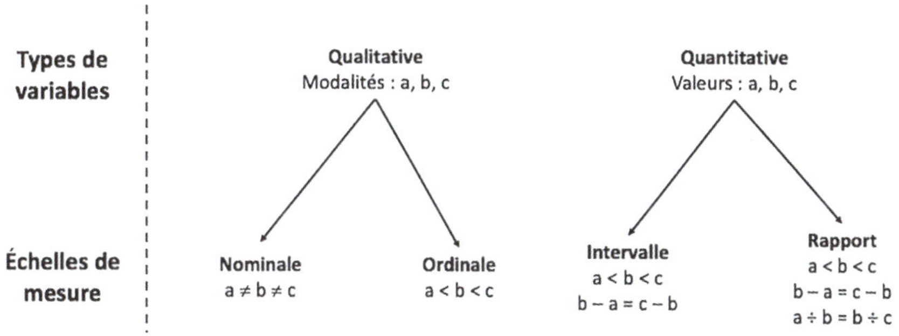

Application. Exemple d'échelles de mesure

Échelle	Variable	Modalité/valeur
Nominale	Sexe	Homme femme
	Lieu de résidence	Ville ≠ campagne ≠ montagne
	Résultat à un test de grossesse	Enceinte ≠ pas enceinte
Ordinale	Réponse nuancée	Jamais < rarement < souvent < toujours
	Mention	Passable < assez bien < bien < très bien
	Classement	Premier > second > troisième
Intervalle	Température en degrés Celsius	Valeur zéro : température où l'eau gèle
	Longitude terrestre	Valeur zéro : méridien de Greenwich
	Année selon le calendrier grégorien	Valeur zéro : année de naissance de J.-C.
Rapport	Nombre de frères et sœurs	Valeur zéro : absence de fratrie
	Poids	Valeur zéro : absence de poids
	Note scolaire	Valeur zéro : absence de bonne réponse

Attention

Il arrive que dans un questionnaire une modalité « Ne sait pas », « Autre » ou « Sans opinion » soit prévue. Dans ce cas, l'échelle de mesure devient nominale car on ne peut établir de classement avec les autres modalités de la variable : a < b < c ≠ d. Cette modalité que l'on ne peut classer casse la structure d'ensemble de l'échelle de mesure. Il est éventuellement possible de considérer cette modalité comme *neutre* et par conséquent la placer entre les modalités « pour » et « contre », « oui » et « non » pour conserver une variable ordinale, mais cette façon de procéder ne fait pas l'unanimité car les sujets peuvent choisir ces modalités pour des raisons très différentes (parce qu'ils ne savent pas, parce qu'ils ne veulent pas répondre, parce que la question ne les intéresse pas, etc.).

Attention

Chaque type d'échelle emboîte les propriétés des échelles de mesure précédentes. Ainsi, une variable mesurée sur une échelle de rapport peut être transformée en échelle ordinale ou nominale (voir **cours 10**). En revanche, ce n'est pas forcément vrai pour une variable nominale, pour laquelle l'évolution de l'échelle de mesure n'est pas systématique.

4 Le choix d'une échelle de mesure

- Pour certaines variables, il n'est pas possible de choisir l'échelle de mesure. C'est souvent le cas des variables nominales, comme par exemple la nationalité.
- Par contre, d'autres variables autorisent un choix. Dans ce cas, le/la scientifique est alors libre de déterminer le type de variable et d'échelle qu'il souhaite utiliser. Ce choix doit se faire en fonction de la question de recherche.

Application. Échelles de mesure pour le degré d'adhésion à un parti politique

- Échelle nominale : pour ou contre (et éventuellement « ne sait pas »)
- Échelle ordinale : très favorable, favorable, peu favorable, défavorable
- Échelle d'intervalle : score d'adhésion allant de 0 à 10
- Échelle de rapport : nombre de fois où l'individu s'est rendu à des réunions du parti politique en question.

Attention

On verra dans les cours suivants que les variables quantitatives permettent des traitements statistiques plus nombreux que les variables qualitatives, poussant les scientifiques à les favoriser lorsque cela est possible.

3 EXERCICES

Exercice 1

Quelles sont les échelles de mesure des variables suivantes ?

1) l'âge : enfant, adolescent, adulte, personne âgée.
2) le temps de réaction : en millisecondes.
3) les résultats à un entretien d'embauche : embauché, pas embauché.
4) la catégorie socioprofessionnelle des parents : ouvrier, employé, cadre supérieur, agriculteur.
5) le temps mis par les étudiants pour se rendre à l'université : en minutes.
6) le degré d'adhésion au projet d'accord de libre échange nord-américain : pas du tout, un peu, beaucoup, tout à fait, ne sait pas.
7) les grades dans l'armée : soldat, colonel, lieutenant.
8) la fréquence d'utilisation de la bibliothèque universitaire : jamais, rarement, souvent, très souvent.
9) l'avis concernant la cherté du coût de la vie : échelle de 1 (pas cher du tout) à 6 (très cher).
10) l'attitude à l'égard des personnes handicapées : tolérante versus indifférente.

Exercice 2

Un enseignant soucieux de savoir dans quelle mesure ses étudiants apprécient son cours fait circuler une feuille d'appréciation. Il demande aux étudiants d'évaluer leur satisfaction et se renseigne sur les résultats obtenus lors du précédent trimestre à son enseignement.
Quelles sont les variables ? Pour chacune d'elle, donnez des exemples : de modalités/valeurs correspondant à des échelles de mesure nominale, ordinale, d'intervalle et de rapport.

Exercice 3

À l'aide d'Internet, trouver quelles sont les modalités des échelles suivantes :

1) Échelle de Richter
2) Échelle d'évaluation globale du fonctionnement (EGF)
3) Inventaire de dépression de Beck II (BDI-II)

3 CORRIGÉS

Exercice 1

1) échelle ordinale
2) échelle de rapport
3) échelle nominale
4) échelle nominale
5) échelle de rapport
6) échelle nominale (à cause de la modalité de réponse « ne sait pas »)
7) échelle ordinale
8) échelle ordinale
9) échelle d'intervalles
10) échelle nominale

Exercice 2

Les variables sont la satisfaction et les résultats obtenus au précédent trimestre.

– **échelle nominale**
Satisfaction : oui versus non.
Résultats : échec versus réussite.

– **échelle ordinale**
Satisfaction : pas du tout, un peu, moyennement, beaucoup.
Résultat : passable, assez bien, bien, très bien. (Remarque : il n'est pas possible d'avoir la modalité « recalé », car l'élève ne serait pas dans le cours actuel. Il faut être vigilant pour ne pas inclure des modalités absurdes dans l'échelle de mesure.)

– **échelle d'intervalles**
Satisfaction : coter sur une échelle de 1 à 6 la satisfaction.
Résultats : il n'est *a priori* pas possible de définir une échelle d'intervalle pour les résultats !

– **échelle de rapport :**
Satisfaction : nombre de fois où l'étudiant a recommandé ce cours à d'autres étudiants.
Résultats : note de 1 à 20 au dernier examen du trimestre précédent.

Exercice 3

1) L'échelle de Richter étant une échelle de rapport, toutes les valeurs sont possibles (mais dépassent rarement 9).
2) L'échelle d'évaluation globale du fonctionnement (EGF, ou GAF en anglais, pour *Global Assessment of Functioning*) est une échelle de rapport allant de 0 à 100.
3) Selon l'utilisation, il s'agit soit d'une échelle de rapport allant de 0 à 63, soit une échelle ordinale ayant comme modalités : « Pas de dépression ou dépression minimale » (score 0-13), « dépression légère » (score 14-19), « dépression moyenne » (score 20-28) et « dépression sévère » (score 29-63).

COURS 4
Sur quoi ? Le statut des variables

[MOTS-CLÉS : variable dépendante, indépendante, invoquée, provoquée, parasite]

DÉFINITION

Les statuts des **variables** varient selon la place qu'elles ont dans l'expérience, plus précisément si elles ont une influence (**variables indépendantes**) ou sont influencées (**variables dépendantes**), et si elles sont manipulées par le/la scientifique (**provoquées**) ou observées (**invoquées**).

1 Variables invoquées et variables provoquées

- Le/la scientifique peut agir sur certaines variables mais pas sur d'autres.
- Les **variables invoquées** (ou **variables repérées**) correspondent aux caractéristiques des sujets sur lesquelles le/la scientifique n'a pas de prise : son sexe, son âge, sa catégorie socioprofessionnelle, son attitude par rapport à la peine de mort, sa performance à un examen, etc.
- En revanche, le/la scientifique peut faire varier d'autres facteurs sans que le sujet n'y soit pour rien : c'est ce qu'on appelle les **variables provoquées** (également appelées **variables manipulées**). Le plus souvent, il s'agit de l'affectation des sujets à une condition expérimentale plutôt qu'à une autre.

Attention

Certaines variables peuvent être invoquées ou provoquées, comme la prescription de tel ou tel médicament à des malades, tandis que d'autres ne peuvent être qu'invoquées car elles sont des caractéristiques des sujets (âge, sexe) ou car il est inacceptable de les manipuler d'un point de vue éthique (on ne peut obliger les sujets à consommer des psychotropes, de l'alcool, ou au contraire les en empêcher).

Application. Le paradigme des groupes minimaux

Le paradigme des groupes minimaux, un concept clé de psychologie sociale qui date des années 70, identifie les conditions minimales dans lesquelles les groupes se créent.
Dans une expérience bien connue datant de 1971, des chercheurs manipulent l'appartenance des sujets à un groupe. Dans

un premier temps, ils leur montrent des tableaux des peintres Klee et Kandinsky, puis leur demandent de les évaluer. Dans un second temps, ils les répartissent aléatoirement dans deux groupes : amateurs de Klee et amateurs de Kandinsky, c'est-à-dire sans tenir compte de leurs préférences réelles ! Cette variable est donc provoquée car ce sont les auteurs qui décident de l'affectation de tel ou tel sujet à l'une ou l'autre des conditions. Si l'on avait pris en compte la préférence effective des sujets pour un des deux peintres, on aurait alors eu une variable invoquée.
Les résultats de l'expérience montrent que les sujets favorisent effectivement leur groupe, quand bien même celui-ci est créé de manière complètement arbitraire.

2 Variables indépendantes et variables dépendantes

- Le plus souvent, une recherche consiste à provoquer quelque chose et à en mesurer l'effet. Par exemple, la performance à une tâche d'attention dépend-elle de l'environnement (bruyant/non bruyant) ? La violence chez les enfants et adolescents peut-elle être associée au temps qu'ils passent à jouer à des jeux vidéo violents ? Les variables ont alors des statuts différents.
- Les **variables indépendantes** (ou **facteurs**) sont les variables qui provoquent un effet : les caractères repérés ou la manipulation du chercheur (comme l'affectation à des groupes différents).
- On enregistrera l'effet des variables indépendantes sur les **variables dépendantes**. Elles correspondent en fait à l'effet de l'action de la variable indépendante sur le sujet.
- Variables indépendantes et variables dépendantes sont appelées par raccourci **VI** et **VD**.
- Historiquement, les termes de variables indépendantes et dépendantes viennent de la physique. Par exemple, en maîtrisant tous les paramètres, on fait varier la pression d'un gaz et on observe l'impact que cela a sur sa température, tout le reste étant maintenu constant. La pression du gaz est la variable indépendante et sa température, la variable dépendante. Il est intéressant de constater que modifier la pression cause le changement de température, mais que modifier la température cause le changement de pression !

Application. La facilitation sociale

Une autre expérience bien connue de psychologie sociale, conduite par Triplett en 1897, se penche sur la question de l'effet de la présence d'autres personnes sur la performance individuelle. Les résultats de cette expérience montrent que les coureurs cyclistes ont tendance à aller plus vite lorsqu'ils sont accompagnés plutôt que lorsqu'ils sont seuls. La **variable indépendante** correspond aux conditions dans lesquelles les coureurs roulent (en groupe ou seuls) tandis que la **variable dépendante** est mesurée par l'enregistrement de leur vitesse.

Mise en pratique

Motivation et jeu en ligne

Dans un service de consultation pour les dépendances aux jeux vidéo, on se demande si le risque de devenir « addict » dépend du type de motivation à jouer en ligne.

- **Population :** toutes les personnes qui jouent à des jeux vidéo en ligne
- **Sujets :** chaque joueur qui accepte de participer à l'étude
- **Variables et modalités :**
  - questionnaire des motivations à jouer qui produit trois scores chacun allant de 1 à 20 : 1) pour augmenter les émotions positives, 2) pour lutter contre les émotions négatives et 3) pour des raisons sociales (par exemple chatter)
  - questionnaire de dépendance à Internet (score de 20 à 100)
- **Variable provoquée :** aucune
- **Variables invoquées :** les trois variables de motivation et la variable de dépendance à Internet
- **Variables parasites (potentielles) :** le sexe, l'âge, autre
- **Variables indépendantes :** les trois variables de motivation
- **Variable dépendante :** la variable de dépendance à Internet

Attention

La variable dépendante est forcément une variable invoquée, puisqu'elle dépend d'autre chose que du bon vouloir de l'expérimentateur. En revanche, la VI n'est pas nécessairement provoquée.

3 Variables parasites

- Une **variable parasite** est une variable à laquelle le/la scientifique ne s'intéresse pas, mais qui interfère sur le lien entre la variable indépendante et la variable dépendante.
- Il sera donc nécessaire de la prendre en compte et dans ce cas, on dit qu'on la contrôle. On la nomme alors **variable contrôlée**. Le cas échéant, les conclusions de l'étude seront erronées ou à reprendre.
- On peut contrôler une variable parasite soit en la maintenant constante (par exemple avoir autant d'hommes que de femmes dans deux groupes que l'on veut comparer) soit en l'incluant comme variable indépendante dans l'expérience.
- Le problème des variables parasites, c'est que souvent on ne les connaît pas et donc on ne les mesure pas.
- Les variables parasites constituent, entre autres, un obstacle majeur pour identifier des **liens causaux** entre variables/phénomènes (voir **cours 1**). En effet, en se glissant entre la variable indépendante et la variable dépendante, elles peuvent occasionner des erreurs d'interprétation.

Application. Consommation d'alcool et cancer du poumon

Il a été démontré que la consommation d'alcool augmente le risque de cancer du poumon. À première vue, cela semble totalement contre-intuitif. Et en effet, c'est faux ! Pourquoi ? Parce qu'il manque une variable très importante : la consommation de tabac. Nous savons que les personnes qui fument ont en moyenne une consommation d'alcool plus élevée que les personnes qui ne fument pas. On sait aussi que le fait de fumer augmente le cancer du poumon. Ainsi, le lien observé entre la consommation d'alcool et le risque de cancer du poumon est expliqué par le fait fumer, ce qui fait de la consommation de tabac une variable parasite qu'il est nécessaire de contrôler. Dès le moment où cette variable est contrôlée (introduite dans l'expérience comme variable indépendante), le lien entre consommation d'alcool et cancer du poumon disparaît ! Bien évidemment la consommation d'alcool comporte d'autres risques...

4 EXERCICES

Exercice 1

Dans la liste d'hypothèses suivantes, quelles sont les variables indépendantes et quelles sont les variables dépendantes ? Identifiez les variables qui peuvent être provoquées.

1) La motivation joue un rôle sur les performances scolaires.
2) Les actions peu écologiques des humains polluent la planète.
3) Les gens qui sortent tard ont une vie sociale plus épanouie.
4) La concentration diminue en cas de manque de sommeil.
5) La culture donne des perceptions du temps différentes.

Exercice 2

Quelles sont les variables parasites des exemples suivants ?

1) Le nombre de nids de cigogne dans les villes est lié positivement au nombre de naissances. Se serait-on trompé, est-ce que ce sont bien les cigognes qui amènent les nouveau-nés ?
2) Plus il y a de lunettes de soleil vendues, plus il y a de glaces vendues. Le port de lunettes de soleil donne donc envie de manger de la glace.
3) Un chercheur fait passer une épreuve qui demande beaucoup de concentration à un groupe de femmes et un groupe d'hommes. Les femmes passent l'épreuve le lundi matin, tandis que les hommes la passent le vendredi soir. Les femmes réussissent bien mieux que les hommes, et le chercheur conclut que les femmes sont meilleures que les hommes.
4) On fait faire à tous les enfants d'une école un même test de mathématiques. Les résultats montrent que les enfants qui réussissent le mieux sont ceux qui sont les plus lourds ! Le poids et même le surpoids serait-il synonyme de grande intelligence ?
5) Les patients d'un médecin spécialisé dans la chirurgie du genou ont une espérance de vie bien plus longue que celle des patients d'un chirurgien des voies digestives. Soigner ses genoux prolonge-t-il l'espérance de vie des patients ? ou bien le médecin est-il meilleur que le chirurgien ?

Exercice 1

1) VI: la motivation; VD: les performances scolaires
2) VI: les actions des hommes; VD: la pollution de la planète
3) VI: sortir tard le soir; VD: l'épanouissement social
4) VI: le sommeil; VD: la concentration
5) VI: la culture; VD: la perception du temps

Les variables qui peuvent être provoquées sont:

- la motivation: si le/la scientifique crée des conditions qui favorisent la motivation (par exemple une récompense) dans un groupe et pas dans l'autre.
- «sortir tard le soir», si le/la scientifique demande à un groupe de sujets de sortir le soir pendant un certain laps de temps, et demande à un autre groupe de ne pas sortir le soir.
- le sommeil: si dans une expérience de laboratoire on prive les individus de sommeil (ce qui ne sera possible que sur un temps réduit pour des raisons éthiques).

Exercice 2

1) La variable parasite oubliée dans ce lien est la taille de la ville. Plus une ville est grande, plus il y a de nids de cigognes, et plus il y a de naissances. Il faudra trouver une autre explication à la question posée par les enfants «comment fait-on les bébés?».
2) La variable parasite est évidemment le soleil et la chaleur associée, qui font que les gens se protègent avec des lunettes et mangent des glaces. Si l'exemple semble absurde tellement il est évident, il ne faut pas perdre de vue que d'autres exemples peuvent être aussi absurdes sans être aussi évidents…
3) Les conditions de passation de l'épreuve ont probablement influencé les résultats: alors que les femmes sont fraîches et reposées, les hommes passent l'épreuve en fin de semaine quand ils sont fatigués et plus concentrés sur le week-end à venir que sur l'épreuve, ce qui constitue une variable parasite importante invalidant les conclusions de l'expérience. Le chercheur doit faire passer les deux groupes dans des conditions semblables (pas non plus un groupe le matin et l'autre juste après le repas pendant la digestion, ou encore un groupe dans un environnement calme et l'autre dans un environnement bruyant, etc.).
4) La variable parasite est l'âge des enfants: plus les enfants sont âgés et plus ils sont lourds, et mieux ils réussissent le test de mathématiques.
5) De nouveau la variable parasite est l'âge: il est fort probable que les patients qui se font opérer les genoux le fassent suite à des blessures traumatiques et qu'ils soient donc plus jeunes, plus sportifs et en meilleure santé. Au contraire, en chirurgie digestive, les patients sont sûrement plus âgés, avec des pathologies plus lourdes comme le cancer. On peut aussi considérer la gravité de la maladie/de l'accident, qui est probablement plus importante dans le second cas que dans le premier.

COURS

5 Comment ? Les méthodes de recueil de données

[MOTS-CLÉS : entretien, méthode de recueil de données, observation, questionnaire]

DÉFINITION

La **méthode de recueil de données** consiste à choisir comment l'information va être récoltée auprès des sujets.

1 L'observation

- Comme son nom l'indique, l'observation consiste à **observer** les sujets, le plus souvent dans leur milieu naturel (c'est-à-dire dans leur environnement habituel).
- L'observation est principalement utilisée car elle permet de mener des recherches de façon **naturelle**, c'est-à-dire sans trop influencer la situation qui intéresse le/la scientifique.

1.1 Les types d'observation

- Dans l'**observation libre**, le/la scientifique note de façon systématique tout ce qui se passe.
- Dans l'**observation systématique**, le/la scientifique observe uniquement une série de comportements qui l'intéressent.

Attention

L'observation participante est plus courante en anthropologie ou en sociologie, où le/la scientifique s'implique et se fait accepter dans la communauté étudiée. Cette méthode peut poser des problèmes de **partialité**. En effet, il s'agit de pouvoir évaluer dans quelle mesure le/la scientifique influence la situation observée. C'est pour cela que ce type d'observation doit être accompagné par un questionnement réflexif, c'est-à-dire justement une réflexion et prise en compte par le/la scientifique de son implication dans les phénomènes observés et ainsi sur les conclusions qui en sont tirées.

- Dans l'**observation non participante**, le/la scientifique n'intervient pas dans la situation.
- En revanche, dans l'**observation participante**, le/la scientifique est partie prenante de la situation qu'il observe.

Attention

La question de l'influence sur la situation d'observation peut également se poser dans les situations d'observations où le/la scientifique n'intervient pas : sa seule présence ou l'enregistrement (audio ou vidéo) peut amener les sujets à modifier leurs conduites. Dans les deux cas, le/la scientifique doit donc tâcher, dans la mesure du possible, de se faire oublier, afin d'affecter le moins possible le comportement des sujets. Dans ce type d'observation, il est également intéressant quoique peu courant d'inclure le questionnement réflexif.

Mise en pratique

L'effet Hawthorne

Entre 1927 et 1932, le chercheur américain Elton Mayo mène une série d'expériences dans une usine de la société Western Electric de la ville d'Hawthorne. Son objectif est d'identifier quelles conditions de travail favorisent la productivité des ouvriers, comme par exemple les temps de pause, le nombre d'heures de travail, ou encore la température.
Six femmes de la chaîne de montage sont sélectionnées pour l'expérience et séparées des autres. Mayo introduit ensuite des modifications dans leurs conditions de travail. Les résultats ont montré que quelles que soient les modifications portées aux conditions de travail, la productivité s'améliorait, y compris avec des changements qu'on aurait pu penser contre-productifs, comme supprimer les temps de pause ou baisser l'éclairage. Le fait d'être le centre d'intérêt du chercheur et d'avoir une position privilégiée avait modifié la façon de travailler des ouvrières. Autrement dit, l'expérience avait modifié le phénomène observé, qui a modifié en retour les résultats obtenus. Tout n'était pas perdu, puisque cette découverte, nommée « effet Hawthorne », a révolutionné les pratiques de gestion des humains.

1.2 Grille d'observation et codage

- Dans le cas de l'observation systématique, le/la scientifique utilise une **grille d'observation** qui lui permet d'orienter son regard et l'aide à atteindre l'exhaustivité.

- La grille d'observation permet également de **coder** les comportements des sujets, c'est-à-dire de noter de manière systématique les comportements d'intérêt observés.
- La question du codage est délicate, car elle fait intervenir une part de subjectivité du **juge** (personne qui code).
- Afin d'éviter cette part d'arbitraire, on peut faire appel à deux ou plusieurs juges, qui codent indépendamment l'un de l'autre, avant que l'on ne compare leurs différents codages. Si les deux codages concordent, il n'y a pas de problème, mais si les codages sont systématiquement différents, il sera sûrement nécessaire de revoir la façon de coder et la formation des juges.
- On préfèrera également employer des **juges aveugles**, c'est-à-dire non informés des objectifs de l'étude et de ses hypothèses. Le cas échéant, les juges risqueront de rechercher les comportements qui valident l'hypothèse plutôt que de procéder de façon neutre. De même, il est parfois utile que les sujets soient aveugles, pour les mêmes raisons.

Application. Liens entre conduites et personnalité des enfants

Dans une étude datant de 2004, des chercheurs se demandent si, dès l'enfance, des différences de personnalité sont visibles dans les comportements des enfants. Pour cela, ils décident d'observer le comportement d'enfants de dix ans en situation d'interaction et de comparer ces observations à leur personnalité, évaluée en interrogeant les parents. L'observation se déroule dans un milieu naturel : les chercheurs se rendent au domicile familial et y observent les enfants en situation d'interaction (jeu) avec leurs parents. La séquence est filmée afin que les observateurs puissent ensuite coder les comportements plus facilement. Le codage s'appuie sur un instrument d'évaluation : le Riverside Behavioral Q-Sort. Cet outil propose une liste de 64 comportements cibles, comme par exemple poser des questions, être détendu et à l'aise, chercher à être rassuré, s'apitoyer sur soi-même, etc.

Lors du visionnage *a posteriori* du film, les auteurs identifient chacun des comportements des enfants et reportent le nombre de fois qu'ils sont apparus, ce qui correspond au codage des observations. Les résultats montrent que les comportements observés des enfants sont positivement liés à leur personnalité, mesurée à l'aide du Big-Five Inventory.

Attention

Cet exemple est un cas d'observation systématique non participante. Si l'observateur était le partenaire de jeu de l'enfant, on pourrait parler d'observation participante.

Attention
Les psychologues ne sont pas seulement intéressés par des faits directement observables : la façon dont pensent les sujets, leurs affects, leurs perceptions ou encore leurs expériences passées constituent autant de phénomènes d'intérêt qui ne peuvent être directement observés sous forme de comportement. Le/la scientifique sera donc amené à interroger verbalement le sujet. Il dispose pour ce faire de deux méthodes : entretien et questionnaire.

2 L'entretien

- L'entretien prend la forme d'une **discussion** entre un interviewer (qui peut être le/la scientifique, mais également une autre personne formée à la recherche et à l'entretien) et le sujet, conduite et orientée par le premier.
- Le sujet répond librement et verbalement, en faisant part de son vécu, de son ressenti.

2.1 Les types d'entretien

- Les entretiens peuvent être classifiés selon deux axes : **directifs** et **structurés**. Au sein de chaque axe, ils peuvent être déclinés en termes d'intensité. Ainsi nous pouvons définir : l'entretien directif, semi-directif ou non directif et structuré ou semi-structuré.
- Les différents types d'entretiens directifs entrent dans la famille des entretiens **qualitatifs**, c'est-à-dire que les réponses sont **libres**.
  - Dans l'entretien **directif**, les sujets doivent répondre à une série de questions précises, dans un ordre donné.
  - Dans l'**entretien semi-directif**, un certain nombre de thèmes doivent être abordés, même si l'ordre dans lequel ils apparaissent est libre.
  - Dans l'**entretien non directif**, l'interviewer laisse le sujet développer son discours, sans nécessité d'aborder tel ou tel type de thème.
- Au contraire, les entretiens structurés entrent dans la famille des entretiens **quantitatifs**, c'est-à-dire que les réponses sont **prédéfinies**.
  - Dans l'**entretien structuré**, l'interviewer n'a aucune marge de manœuvre. Il doit lire la question telle qu'elle est écrite, au besoin la répéter, mais en aucun cas l'expliquer ou l'approfondir. Le type de réponse codée est totalement prédéfini (par exemple « oui/non/ne sait pas » ou un score d'intensité de douleur de 1 à 5, etc.). L'utilisation des entretiens structurés ne nécessitant pas de connaissances particulières en psychologie, ils peuvent être réalisés par des étudiants ou par d'autres personnes. L'avantage est le temps de passation et le coût (un étudiant est moins cher qu'un psychologue).
  - En ce qui concerne l'**entretien semi-structuré**, l'interviewer doit avoir des connaissances dans le domaine évalué. En effet, si les questions

et les réponses sont prédéfinies, l'interviewer peut reformuler, donner des exemples, mais aussi s'assurer que la réponse obtenue correspond bien à la question posée : par exemple le symptôme d'irritabilité se retrouve dans la dépression et la manie, mais présente des caractéristiques différentes selon l'un ou l'autre diagnostic.

Attention
Les entretiens directif et structuré laissent moins, voire pas de place pour que le sujet puisse suivre le fil de ses idées, ainsi que développer sa pensée, exprimer ses expériences et ses opinions.

2.2 Les éléments de l'entretien

- La **consigne** de l'entretien permet de démarrer l'entretien et en définit le thème : quel est son objet et à quoi va-t-il servir ? Elle est cruciale à plusieurs titres. Elle doit notamment comporter les éléments importants pour orienter l'entretien et elle doit être la même pour tous les sujets afin d'éviter des erreurs d'interprétations et de permettre la réplicabilité de l'étude.
- L'entretien ne se déroule pas au hasard : l'interviewer dispose d'un **guide d'entretien**, sous forme d'un ensemble de thèmes ou de questions à aborder qui orientent l'entretien.
- Les **interventions** de l'interviewer visent à relancer le discours. Ce sont des commentaires, sous forme de questions, remarques, observations, qui permettent de relancer le discours lorsque le sujet semble ne plus rien avoir à dire, mais également de l'orienter, par exemple vers les thèmes non abordés, ou plus simplement, de montrer au sujet qu'il est écouté et compris. Les interventions ne sont pas permises dans le cadre d'entretiens structurés.

Attention
Tout comme c'était le cas pour l'observation, l'entretien de type directif peut être enregistré, afin d'être retranscrit sur ordinateur. Le discours pourra ensuite être codé pour analyse, et faire l'objet d'une analyse de discours.

Application. Évaluer la satisfaction des patients

Des médecins veulent évaluer la satisfaction des patients d'un hôpital. Les sujets sont recrutés parmi les patients qui sont restés au moins une nuit à l'hôpital pour y recevoir des soins. La consigne consiste à demander aux sujets de raconter une expérience récente de maladie au sein de l'hôpital. Le guide d'entretien inclut notamment les thématiques suivantes :

- les attentes par rapport au séjour à l'hôpital ;
- les relations avec le personnel soignant (gentillesse, patience, respect, etc.) ;

- la communication avec le personnel soignant (facilité à avoir des informations sur les examens, le traitement, le suivi, etc.);
- la qualité des soins reçus (efficacité, continuité);
- les commodités (temps d'attente, facilité d'accès géographique);
- etc.

Il s'agissait donc d'un entretien semi-directif.

3 Le questionnaire

- Le questionnaire constitue une situation de communication rigide et sans échange. Dans la majeure partie des situations, le questionnaire peut être rempli par le sujet seul (dans les locaux de l'étude, mais aussi chez lui, sur Internet, etc.)
- Le sujet répond à une **liste de questions** précises sans que le/la scientifique puisse y réagir et s'y adapter.
- Le choix du type de questions dépend des objectifs du/de la scientifique et du traitement qui sera effectué pour analyser les résultats.

3.1 Les types de questions

- Les questions **fermées**: le sujet doit choisir une réponse pour chaque question posée.

Application.

Avez-vous déjà été victime d'une agression dans un lieu public?

❑ *oui*
❑ *non*

Craignez-vous d'être victime d'une agression dans un lieu public?

❑ *Jamais* ❑ *Rarement* ❑ *Parfois* ❑ *Souvent* ❑ *Tout le temps*

- Les questions **semi-ouvertes**: le sujet se voit proposer plusieurs alternatives de réponses, sous forme d'un questionnaire à choix multiple.

Application.

Quel mode de transport utilisez-vous fréquemment?

❑ *à pied* ❑ *bus, car, tramway*
❑ *train, métro* ❑ *vélo*
❑ *voiture* ❑ *autre*

Attention
Pour ces deux types de questions, les formats de réponse sont **standardisés**: les sujets ne peuvent pas répondre ce qu'ils veulent. Si cela limite la liberté des sujets, cela facilite le traitement quantitatif des résultats.

Les questions **ouvertes** : le sujet peut répondre librement à la question. Il est toutefois moins libre de développer un discours que dans un entretien de type directif.

Application.

Que pensez-vous de la peine de mort ?

....

....

....

Attention

Le questionnaire et l'entretien structuré sont assez semblables dans leur contenu. Dans un cas, le sujet y répond lui-même (questionnaire), tandis que dans l'autre, l'interviewer pose les questions (entretien structuré). Toutefois, il arrive que l'on appelle « questionnaire » une liste de questions lues au sujet et complétée par le/la scientifique.

3.2 Les critères pour créer un bon questionnaire

- Les questions d'un questionnaire doivent répondre à un ensemble de critères pour que celui-ci soit fiable et efficace.
- Les questions doivent être claires, courtes et précises, avec un vocabulaire simple.
- Les questions doivent être **neutres** pour ne pas orienter les réponses des sujets.
- Il faut éviter l'usage des **négations** et surtout des doubles négations (dit autrement : il ne faut pas choisir de ne pas mettre des affirmations).
- Les modalités de réponse doivent être **exhaustives**, c'est-à-dire que chacun doit pouvoir trouver une réponse adaptée à sa position.
- Elles doivent également être **exclusives**, c'est-à-dire qu'elles ne doivent pas se recouper.
- Un questionnaire doit également posséder des qualités dites **psychométriques**. Il doit être **valide**, c'est-à-dire, entre autre, que le questionnaire mesure réellement ce qu'il est censé mesurer. Il doit également être **fidèle**, c'est-à-dire qu'il doit être cohérent et stable. Ces deux qualités sont évaluées à l'aide d'outils statistiques et sont nécessaires afin de pouvoir utiliser le questionnaire dans des analyses statistiques ainsi que pour répondre à des questions de recherche.

Exercice 1

Pour chacune des questions de recherche suivantes, pour quelle méthode de recueil de données allez-vous opter ?

1) Dans le cadre d'une intervention auprès d'une population précaire, les mères qui élèvent seules leurs enfants en Algérie, une organisation humanitaire souhaite mieux connaître leurs besoins et leurs problèmes.
2) Un chercheur se demande si les individus viennent plus en aide à une personne en difficulté s'il y a beaucoup de témoins à la scène ou non.
3) Des médecins remarquent que la satisfaction des patients dans un hôpital brésilien, mesurée par questionnaire, est très forte alors que la qualité des soins laisse sans conteste à désirer. Ils décident d'explorer les raisons pour lesquelles les patients donnent des réponses favorables malgré des soins médiocres.
4) La direction d'une école veut estimer la proportion d'adolescents qui consomment des substances psychoactives dans son établissement.

Exercice 2

Est-ce que les questions ci-dessous sont de bonnes questions pour un questionnaire ?

1) Comment sera la situation économique à la fin de l'année prochaine ?

   ❑ Mauvaise ❑ Moyenne ❑ Bonne

2) Pensez-vous que la situation économique va s'améliorer ?

   ❑ Pas d'accord ❑ Neutre ❑ D'accord

3) Comment sera la conjoncture économique à la fin du prochain exercice fiscal ?

   ❑ Mauvaise ❑ Moyenne ❑ Bonne

4) Faut-il baisser ou augmenter les impôts pour relancer la croissance économique ?

   ❑ Pas d'accord ❑ Neutre ❑ D'accord

5) Si on n'augmente pas les impôts, est-ce que cela relance la croissance économique ?

   ❑ Pas d'accord ❑ Neutre ❑ D'accord

5 CORRIGÉS

Exercice 1

1) Entretien non directif ou semi-directif (si l'organisation humanitaire définit une liste de thèmes à aborder): cet entretien est à visée exploratoire, il a pour objectif de repérer des thématiques encore non identifiées.
2) Observation systématique: observer si le sujet vient en aide à la personne en détresse en faisant varier le nombre de témoins.
3) Entretien non directif ou semi-directif: cet entretien est à visée explicative, il permettra de mieux comprendre des données quantitatives difficiles à interpréter.
4) Questionnaire: il serait trop long de faire un entretien pour l'ensemble des élèves de l'école, et on n'obtiendrait probablement pas des réponses honnêtes dans un échange en face-à-face (par exemple dans un entretien structuré). Un questionnaire anonyme est plus adapté.

Exercice 2

1) Bonne question: neutre et simple.
2) Mauvaise question: non neutre, suggère que la situation économique est mauvaise.
3) Mauvaise question: compliqué, le terme «conjoncture» peut être mal compris, tout comme «l'exercice fiscal», pour un public tout venant. Si le questionnaire s'adresse à des experts dans ce domaine, le vocabulaire ne sera pas le même et pourra être plus spécialisé.
4) Mauvaise question: pas univoque. Il faudrait demander soit s'il faut baisser les impôts, soit s'il faut les augmenter.
5) Mauvaise question: utilisation de la négation qui rend la question trop compliquée à comprendre.

COURS 6
Comment ? Les plans de recherche

[MOTS-CLÉS : plan expérimental, plan quasi expérimental, pain corrélationnel]

DÉFINITION

Le **plan de recherche** correspond à la mise en œuvre opérationnelle de la recherche, sous forme d'un ensemble de dispositifs. On distingue différents types de plans selon le statut des variables mesurées et selon l'affectation des sujets à différents groupes.

1 Le plan expérimental

- Dans le plan expérimental, le/la scientifique **manipule** la variable indépendante et mesure l'effet de cette manipulation sur la variable dépendante.
- Souvent, la variable indépendante comprend un **groupe expérimental** (qui reçoit un traitement ou une intervention) et un **groupe contrôle** (qui ne bénéficie pas du traitement ou de l'intervention).
- L'assignation à l'un des deux groupes est **aléatoire** : le/la scientifique répartit au hasard les sujets dans une condition ou dans l'autre. Cette attribution aléatoire n'est pas toujours possible, mais elle est très importante pour garantir la qualité des conclusions qui seront tirées.

Application. Efficacité d'un médicament pour la migraine

Une chercheuse désire tester l'effet d'un médicament pour diminuer les douleurs migraineuses. Pour cela, elle sélectionne un échantillon de personnes migraineuses, et les divise en deux groupes : l'un prendra le médicament à tester (le groupe expérimental), l'autre un placebo (le groupe contrôle). Le placebo est une pilule visuellement identique au médicament, mais qui ne contient pas de substance chimique active. Donner un placebo plutôt que rien du tout est important, car on sait que le simple fait de prendre un médicament peut avoir des effets bénéfiques – nommés effet placebo – par autosuggestion ou conviction en l'efficacité du médicament. Ainsi, la différence d'effet mesurée sera bel et bien l'effet du médicament, puisque l'effet d'autosuggestion sera présent dans les deux groupes.

La répartition aléatoire permet d'avoir des groupes comparables. Par exemple, cela permet d'éviter que les plus migraineux se retrouvent dans un groupe plutôt que dans l'autre, puisque répartis au hasard, ils ont autant de chances d'être dans un groupe que dans l'autre.

- Ce type de plan est un **plan expérimental simple**, dans la mesure où il ne compte qu'une seule variable indépendante.
- Il existe également les **plans expérimentaux factoriels**, où plusieurs variables indépendantes intéressent le/la scientifique.

Application. Efficacité d'un médicament et de méthodes de relaxation pour la migraine

En plus de la variable indépendante de l'exemple précédent (le groupe), la chercheuse peut décider d'ajouter des méthodes de relaxation, susceptibles de réduire les douleurs migraineuses. Elle pourra ainsi séparer les deux groupes créés en deux sous-groupes : l'un pratiquant des méthodes de relaxation, l'autre non.
Ce plan, plus complexe, peut être résumé sous la forme d'un tableau :

		Médicament	
		Expérimental (médicament)	Contrôle (placebo)
Méthode de relaxation	Oui	Groupe 1	Groupe 3
	Non	Groupe 2	Groupe 4

Dans chaque case se trouve un groupe de sujets, affectés à une condition expérimentale. Ce type de plan est un plan 2 × 2, car chacune des deux variables comporte deux modalités. Il y a donc 4 conditions expérimentales, qui correspondent aux 4 cases du tableau.

- On distingue deux types de plan selon la façon dont les sujets participent à l'expérience.
- Le **plan expérimental à groupes indépendants** se définit par le fait que chaque sujet ne passe que par une seule modalité de la variable indépendante.
- Au contraire, dans le **plan expérimental à mesures répétées**, les sujets passent par chacune des modalités de la variable indépendante.

- Les plans à mesures répétées peuvent également être **simples** (une seule variable indépendante) ou **factoriels** (plusieurs variables indépendantes).
- Selon le type de variable dépendante, tous les types de plans ne sont pas possibles, comme par exemple subir une chirurgie versus prendre un médicament. Dans le premier cas, la mesure répétée n'est pas possible, puisqu'une fois la chirurgie effectuée, elle est irréversible. À l'inverse, si deux médicaments sont testés, le sujet pourra participer trois fois à l'expérience (médicament 1, médicament 2, placebo), en laissant bien sûr suffisamment de temps entre deux passations pour que l'effet du médicament précédent ait totalement disparu.

Attention

Lorsque le plan factoriel comprend de nombreuses variables, on peut ne s'intéresser qu'à certaines cases, ce que l'on nomme un **plan factoriel incomplet**. Dans l'exemple précédent, la chercheuse pourrait ne s'intéresser à l'effet des méthodes de relaxation que pour le groupe expérimental.

Application. Effet de la rééducation sur les compétences en lecture d'enfants dyslexiques

Afin d'améliorer la lecture d'enfants dyslexiques, un chercheur souhaite tester un nouveau dispositif de rééducation orthophonique. Pour cela, il sélectionne un échantillon d'enfants dyslexiques et évalue leurs compétences en lecture avant d'entamer la rééducation (**pré-test**) et l'évalue au moyen du même outil après la phase de rééducation (**post-test**).

Attention

Il aurait également été possible d'utiliser un plan expérimental à groupes indépendants, avec un groupe expérimental constitué d'enfants dyslexiques suivant la rééducation, et un groupe contrôle n'en bénéficiant pas. On reviendra sur les avantages et inconvénients de chaque type de plan dans la section 4.

Attention

Pour les plans à groupes indépendants, on parle également de plan **emboîté**, tandis que pour les plans à mesures répétées, on parle aussi de plan **croisé**. Ces plans peuvent être décrits à l'aide de notations spécifiques :

- $S_n < A_m >$ pour le plan à groupes indépendants, autrement dit les sujets (notés S) sont emboîtés dans les modalités de la variable A. « n » correspond au nombre de sujets *par groupe* et « m » au *nombre de modalités* de la variable A.
- $S_n * A_m$ pour le plan à mesures répétées, autrement dit les sujets sont croisés avec les modalités de la variable A. « n » correspond au *nombre total de sujets* et « m » au *nombre de modalités* de la variable A.
- $S_n < A_m * B_k >$ est un plan factoriel à groupes indépendants : il y a deux variables indépendantes (A et B) avec respectivement « m » et « k » modalités. « n » représente le nombre de sujets *par groupe*.
- $S_n * A_m * B_k$ est un plan factoriel à mesures répétées, avec « m » modalités pour la variable A, « k » modalités pour la variable B, et un total de « n » sujets.

2 Le plan quasi expérimental

- Le plan quasi expérimental se distingue du plan expérimental dans la mesure où la variable indépendante est **repérée** : elle ne peut être manipulée.
- Parfois, il n'est pas possible de manipuler la variable indépendante (lorsqu'il s'agit du genre, de l'âge, etc.) et parfois, il n'est pas éthique d'affecter des sujets à une condition ou une autre (dans le cas du test de l'efficacité d'un médicament pour le diabète, avoir un groupe contrôle qui serait soigné uniquement par placebo). L'affectation à un groupe où un autre n'est alors pas le choix du/de la scientifique et n'est pas aléatoire.
- Le/la scientifique s'attache néanmoins autant que possible à **contrôler** les variables parasites qui pourraient influencer la variable dépendante indépendamment de la variable indépendante.
- Les plans quasi expérimentaux peuvent également être **simples** (une variable indépendante) ou **factoriels**, quand on s'intéresse à plus d'une variable indépendante.
- On utilise également les **notations** des plans emboîtés et croisés pour les plans quasi expérimentaux.

Application. La conservation de la substance chez l'enfant

Le psychologue bien connu Piaget s'est intéressé à savoir à partir de quel âge l'enfant parvient à quantifier les éléments physiques. Pour cela, il a donné à des enfants d'âges différents (de 4 à 10 ans) une boulette d'argile, en leur demandant d'en fabriquer une semblable en tout point (même taille, même grosseur). Cela fait, il déforme l'une des boulettes, en l'étirant, en l'aplatissant, ou en la sectionnant, et il demande à l'enfant si les deux boulettes sont toujours semblables (même poids, même volume, etc.).
L'âge ne peut être ici manipulé, ce qui fait que ce type de plan de recherche est un plan quasi expérimental. Toutefois, le chercheur peut s'employer à contrôler les variables parasites, notamment en **apparient** les différents groupes : même nombre de filles et de garçons dans chaque classe d'âge, même répartition des classes sociales, etc. Il ne sera cependant pas possible de prendre en compte toutes les variables parasites.
Les résultats montrent que plus les enfants avancent en âge, mieux ils conservent la substance : les plus âgés déclarent que les deux boulettes restent semblables, tandis que les plus jeunes les jugent différentes.

3 Le plan corrélationnel

- Le plan corrélationnel n'opère **pas de distinction** entre variable indépendante et variable dépendante.
- Le/la scientifique ne s'attend pas à ce qu'une variable explique l'autre : elles ont le **même statut** et la distinction VI/VD est caduque.
- Dans le plan corrélationnel, aucune variable n'est manipulée, elles sont toutes **repérées**.

Application. Lien entre consommation de cannabis et atteintes aux biens en milieu scolaire

Dans les études sur la délinquance juvénile, on s'intéresse à un certain nombre de variables : consommation de psychotropes et d'alcool, atteintes aux personnes (sous la forme d'agressions, bagarres, etc.) et atteintes aux biens (vol, vandalisme, etc.). Des études montrent qu'il existe un lien entre consommation régulière de cannabis et atteintes aux biens. Cependant, on ne peut savoir lequel est la cause de l'autre. Les jeunes volent-ils parce qu'ils sont sous l'emprise du cannabis ? Ou bien ces deux variables dépendent-elles d'une troisième, comme l'impulsivité ?
Dans ce type de plan de recherche, on ne distingue pas une variable indépendante et une variable dépendante. On ne peut théoriquement pas décider laquelle est la cause de l'autre, et on se contente dès lors de tester leur lien.

4 Choisir un plan de recherche adéquat

- Certaines variables ne peuvent être provoquées, ce qui contraint à choisir un plan de type quasi expérimental (quand une VI et une VD peuvent être définies) ou corrélationnel (quand d'un point de vue théorique, les deux variables sont équivalentes).
- Le plan expérimental, associé à d'autres critères très précis (non présentés ici, car cela dépasse le cadre de cet ouvrage), est le seul qui permette de tester l'hypothèse d'un **lien causal** entre deux variables. Quand il est possible de manipuler la variable indépendante, on privilégiera donc ce type de plan de recherche, si l'objectif est d'identifier des liens causaux entre variables.
- Plus précisément, le plan expérimental peut être à groupes indépendants et à mesures répétées. Chacun de ces plans présente des avantages qui sont les inconvénients de l'autre.

Plan expérimental à groupes indépendants	Plan expérimental à mesures répétées
Pas d'effet de retest: les sujets ne passent que par une seule modalité de la variable indépendante.	**Effet de retest:** risque d'apprentissage (mieux réussir la seconde fois) ou de fatigue (moins bien réussir la seconde fois).
Biais de sélection: risque que les sujets ne soient pas équivalents dans chacun des groupes, donnant lieu à des résultats différents dans les groupes indépendamment de la VI.	**Pas de biais de sélection:** les sujets sont les mêmes dans toutes les modalités.
Taille de l'échantillon: nécessite un grand nombre de sujets (par exemple 50 sujets par groupe).	**Taille de l'échantillon:** nécessite moins de sujets (par exemple 50 sujets au total).
Pas de mortalité expérimentale: les sujets ne participent qu'une seule fois à l'expérience.	**Mortalité expérimentale:** risque important de perte de sujets en cours d'expérience. Le refus de continuer l'étude en cours de route participe également de la mortalité expérimentale.

- Certains de ces inconvénients peuvent être pris en compte par le/la scientifique.
- Pour éviter le **biais de sélection**, on répartit aléatoirement les sujets du plan à groupes indépendants dans chaque modalité de la variable (quand c'est possible).
- Le cas échéant, on peut **apparier** les sujets du plan à groupes indépendants : si l'on sait que le genre est une variable parasite, on mettra autant de filles que de garçons dans chacun des groupes.
- Pour éviter **l'effet de retest** dans le plan à mesures répétées, on peut faire commencer la moitié des sujets par la première modalité de la variable, puis la seconde, tandis que l'autre moitié passera d'abord par la seconde modalité, puis la première. On parlera alors de **contre-balancement**.

Attention

Lorsqu'on ne dispose que de peu de sujets, le plan à mesures répétées semble être le choix le plus indiqué, et d'autant plus si la variable comporte de nombreuses modalités : si une variable compte 5 modalités et que le/la scientifique souhaite avoir 30 sujets par modalité, il aura besoin de 30 sujets pour le plan à mesures répétées et de $30 \times 5 = 150$ sujets pour le plan à groupes indépendants. Le premier est nettement moins coûteux que le second. D'autre part, le plan à mesures répétées permet un plus grand contrôle des variables parasites, étant donné que le/la scientifique est sûr que les sujets sont équivalents dans les deux groupes : ce sont les mêmes.

Attention

Utiliser un plan de recherche expérimental ne garantit pas de pouvoir identifier un lien de causalité entre les variables. Il est en effet extrêmement difficile d'être sûr du lien causal en psychologie, dans la mesure où de nombreuses variables peuvent intervenir sans que le/la scientifique ne les contrôle. Il faut donc toujours être très prudent quand on parle de liens de causalité, qui ne peuvent être qu'une hypothèse. Les statistiques à elles seules ne peuvent en aucun cas donner la preuve de l'existence de liens causaux, même si les modèles considèrent une des variables comme la « cause » de l'autre. Il s'agit d'une cause au sens statistique, mais pas au sens théorique.

6 EXERCICES

Exercice 1

Pour chacune des expériences ci-dessous, indiquez s'il s'agit d'un plan expérimental, quasi expérimental ou corrélationnel.

1) Une équipe de chercheurs s'intéresse au lien entre myopie et temps passé devant un écran d'ordinateur chez les enfants.
2) Constatant que la myopie s'aggrave avec le temps passé devant un ordinateur, l'équipe de chercheurs met en place une intervention pour réduire la durée d'utilisation de l'ordinateur. La moitié des enfants y participent et l'autre pas. Les chercheurs mesurent ensuite de nouveau le temps passé devant l'écran.
3) Une psychologue se demande si les phobies animales ont tendance à survenir simultanément chez les patients ou si au contraire ils en développent une seule plutôt que plusieurs. Elle sélectionne un groupe de patients et mesure la présence ou l'absence d'un grand nombre de phobies : arachnophobie (peur des araignées), chirotophobie (peur des chauves-souris), ophiophobie (peur des serpents), entomophobie (peur des insectes), cynophobie (peur des chiens), ailurophobie (peur des chats), alektorophobie (peur des poulets), luposlipaphobie…
4) Un professeur de sport se demande si l'entraînement fractionné, qui permet d'améliorer les performances, permet aussi d'améliorer la motivation de ses sportifs. Il créé trois groupes, l'un soumis à un entraînement fractionné, l'autre un entraînement classique, tandis que le dernier groupe est au repos. Il mesure ensuite la motivation dans chacun des groupes.
5) Le professeur de sport remarque que les sportifs du groupe au repos en ont profité pour boire beaucoup de bière. Il se demande si cela affecte leur performance à la compétition suivante.
6) Ayant remarqué que la performance est nettement affectée, le professeur décide de tester une pédagogie plus stricte afin de voir si ses sportifs s'amendent.

Exercice 2

Dans les expériences décrites dans l'exercice 1, déterminez s'il s'agit de groupes indépendants ou de mesures répétées.

Exercice 3

Retrouvez les notations pour les plans d'expérience décrits ci-dessous.

1) Une diététicienne recrute 30 sujets et les divise en trois sous-groupes : surpoids, obésité et obésité morbide. Elle mesure leur poids à la fin de l'année.
2) La diététicienne teste si le suivi nutritionnel permet de réduire le poids. Elle divise chacun des groupes en deux sous-groupes, avec l'un d'eux qui bénéficie du suivi, l'autre pas.
3) Un chercheur sélectionne 20 sujets qui font un test de mémoire tout d'abord dans une situation calme, puis dans une situation bruyante.
4) Il estime qu'il doit également prendre en compte l'heure de la journée pour évaluer correctement la réussite au test de mémoire. Les sujets font le test de mémoire dans une situation calme et bruyante le matin, puis à nouveau le soir.

6 CORRIGÉS

Exercice 1

1) Quasi expérimental : *a priori*, même si ce n'est pas clairement indiqué dans l'énoncé, on peut s'attendre à ce que le temps passé devant un ordinateur favorise la myopie. Les variables ont donc un statut différent, avec le temps passé devant un écran étant la VI. Il serait possible de manipuler cette VI, mais ce ne serait pas éthique de le faire afin de voir si les enfants deviennent myopes, ni de les contraindre à passer un nombre déterminé d'heures devant leur écran.
2) Expérimental : la VI est le fait de bénéficier d'une intervention, tandis que la VD est cette fois-ci le temps passé devant l'ordinateur.
3) Corrélationnel : la psychologue ne distingue pas de phobie qui pourrait avoir causé les autres, les phobies ont des statuts identiques.
4) Expérimental : la VI (le type d'entraînement) est manipulée.
5) Quasi expérimental : la quantité de bière bue est une VI, mais de nouveau, il ne serait pas éthique de la manipuler.
6) Expérimental : le professeur peut tester sa pédagogie laxiste initiale avec une nouvelle pédagogie plus sévère, qui est donc manipulée par ses propres soins. La VD peut être la consommation de bière, les efforts des sportifs à l'entraînement, ou encore les résultats aux compétitions.

Exercice 2

1) Groupes indépendants : l'équipe va comparer des enfants selon le temps qu'ils passent devant leur ordinateur.
2) Mesures répétées et groupes indépendants : il y a un pré-test avant l'intervention et un post-test après, mais également deux groupes de sujets (qui bénéficient ou non de l'intervention). Il est possible de mixer les deux types de plans.
3) Groupes indépendants
4) Groupes indépendants : les sujets ne passent que par une modalité de la VI.
5) Groupes indépendants
6) Mesures répétées

Exercice 3

1) Il s'agit d'un plan simple à groupes indépendants, avec le groupe (noté G) comme VI et le poids comme VD : $S_{10} < G_3 >$. Le plan comporte 10 sujets dans chacun des 3 modalités de la variable G. Au total, il y a $10 \times 3 = 30$ sujets.
2) Il s'agit d'un plan factoriel à groupes indépendants : $S_5 < G_3 * D_2 >$. Pour un plan factoriel complet, les deux VI sont croisées, avec la seconde variable notée ici D (pour « diététique », « S » étant la notation habituelle pour les sujets). On a $5 \times 3 \times 2 = 30$ sujets.
3) Il s'agit d'un plan simple à mesures répétées, avec le test de mémoire comme VD et le contexte (calme ou bruyant, noté C) comme VI : $S_{20} * C_2$. Il y a 20 sujets et $20 \times 2 = 40$ mesures.
4) Il s'agit d'un plan factoriel à mesures répétées, avec l'heure de la journée comme seconde VI (notée H) : $S_{20} * C_2 * H_2$. Il y a toujours 20 sujets, mais cette fois-ci $20 \times 2 \times 2 = 80$ mesures.

Partie 2

Tableaux

COURS

7 La base de données

[MOTS-CLÉS : base de données, codage]

DÉFINITION

Les données récoltées sont saisies dans une **base de données** se présentant sous la forme une ligne = un sujet et une colonne = une variable.

2. Tableaux

1 Créer une base de données

- Le/la scientifique **recueille les données** auprès des sujets de différentes manières, selon la méthode retenue (observation, entretien, questionnaire, voir **cours 5**).
- Les réponses obtenues sont souvent sous forme de questionnaires papier et donc doivent être structurés (saisis) dans une **base de données** afin de pouvoir les analyser.
- De nos jours, cette base de données est toujours informatisée. Cela se fait dans ce qu'on appelle un tableur (par exemple Excel).
- Avec l'avènement des questionnaires en ligne, cette étape n'est plus nécessaire, mais attention, cela n'est pas possible dans toutes les situations (par exemple s'il y a des électro-encéphalogrammes) et le format d'enregistrement des réponses proposé par les outils en ligne n'est pas forcément directement exploitable. Il nécessite alors un travail, parfois fastidieux, de recodage (voir **cours 10**). De plus, il y a du travail en amont afin de préparer le questionnaire en ligne.
- La base de données se présente toujours de la façon suivante : à chaque **ligne** correspond un sujet et à chaque **colonne** correspond une variable.
- La base de données contient ce qu'on appelle les **données brutes**, c'est-à-dire les données obtenues initialement auprès des sujets et qui n'ont encore subi aucune transformation.
- Dans les deux cas, il est indispensable de **contrôler** qu'il n'y a pas d'erreur, sans quoi les analyses statistiques et conclu-

Attention
La base de données n'est pas un tableau qui résume les données, par exemple sous forme de pourcentages. Le résumé des données fait l'objet des cours suivants.

sions pourront être complètement faussées. Il existe plusieurs techniques de vérification de la qualité de la saisie des données. En voici deux :

- Chaque questionnaire est saisi par deux personnes différentes et ensuite ils sont comparés. Cela est évidemment très coûteux en temps et en budget, mais c'est la version la plus efficace en termes d'erreur de saisie. Une version moins coûteuse consiste à saisir en double un dixième des questionnaires, par exemple.
- À la fin de la saisie de l'ensemble des questionnaires, une partie est choisie au hasard pour vérification.

Application. Base de données de l'absentéisme à l'école

La base de données suivante, nommée « Absentéisme à l'école », reporte les résultats d'une classe de 20 élèves à un examen noté sur 6 ainsi que quelques variables les concernant : leur genre, la catégorie socioprofessionnelle de leurs parents, s'ils ont redoublé et le nombre d'absences.

Identifiant	Genre	CSP parents	Redoublant	Absences	Note
1	Fille	Cadre	Non	0	5
2	Garçon	Ouvrier	Oui	1	4
3	Fille	Cadre	Non	1	2
4	Fille	Employé	Non	2	3
5	Garçon	Employé	Non	1	4
6	Fille	Cadre	Non	0	6
7	Fille	Employé	Non	0	3
8	Garçon	Cadre supérieur	Oui	1	4
9	Garçon	Employé	Non	1	4
10	Garçon	Employé	Non	0	4
11	Fille	Employé	Oui	3	1
12	Fille	Ouvrier	Oui	1	3
13	Garçon	Cadre	Non	0	2
14	Fille	Cadre	Non	2	2
15	Garçon	Cadre supérieur	Non	0	5
16	Garçon	Ouvrier	Non	1	4
17	Fille	Cadre	Non	0	1
18	Garçon	Cadre	Non	1	5
19	Fille	Employé	Non	1	6
20	Garçon	Cadre supérieur	Oui	2	3

Par exemple, le premier sujet est une fille dont les parents sont cadres, qui n'a pas redoublé ni été absente et qui a obtenu la note de 5.

Attention

- La première colonne correspond à l'**identifiant** des sujets : il ne s'agit pas d'une variable à proprement parler, mais d'un moyen permettant d'identifier chaque sujet, dans la mesure où la base de données doit être anonyme.
- Remarquez qu'il n'y a qu'une seule ligne pour les **noms des variables**. On voit trop souvent des fichiers Excel qui ont plusieurs lignes d'en-tête. Si cela facilite (peut-être) la lecture, cela complique l'importation de la base de données dans un logiciel statistique.
- Toujours pour faciliter l'importation de la base de données dans un logiciel statistique, mieux vaut choisir des noms de colonne **courts** et sans accents. Le choix de l'anglais, à ce titre, peut être judicieux.

2 Codage de la base de données

- On peut utiliser un **code** pour saisir les données dans la base de données, dans un souci de concision et pour des raisons pratiques (certains logiciels de statistiques utilisent de manière peu intuitive les codages en texte, voire ne les utilisent pas du tout).
- Ainsi, s'il est naturel et logique d'utiliser des nombres pour les variables quantitatives, les variables qualitatives peuvent être codées au moyen de chiffres, comme par exemple « 1 » pour « garçon » et « 2 » pour « fille ». Dans ce cas, le chiffre est une **étiquette**, qui vise à rendre la base de données plus facile à manipuler.

Attention

Ce n'est pas parce qu'on utilise un chiffre pour une variable qualitative qu'elle devient quantitative. Le chiffre reste une étiquette et on aurait aussi bien pu prendre « 1 » pour « fille » et « 2 » pour « garçon ».

Attention

Le codage est défini par le/la scientifique. Il est indispensable de noter et conserver ce codage, sous peine de ne plus pouvoir comprendre les résultats si l'on réutilise les données après un délai suffisamment long pour en avoir oublié les subtilités. Pour faciliter la compréhension (et le rappel !), on peut utiliser le codage le plus intuitif et le plus conventionnel possible. Par exemple :

- « 0 » pour l'échec ou la réponse « non », « 1 » pour la réussite ou la réponse « oui » ;
- des chiffres croissants pour une échelle ordinale, le plus petit nombre indiquant la plus petite quantité : « 0 » pour « jamais », « 1 » pour « rarement », « 2 » pour « parfois », etc.

Application. Coder les variables

Dans la base de données précédente, le/la scientifique décide de coder ses variables qualitatives de la façon suivante :

- Genre : « G » pour « garçon », « F » pour « fille » ;
- CSP des parents : « 1 » pour « ouvrier », « 2 » pour « employé », « 3 » pour « cadre » et « 4 » pour « cadre supérieur » ;
- Redoublant : « 0 » pour « non », « 1 » pour « oui ».

Identifiant	Genre	CSP parents	Redoublant	Absences	Note
1	F	3	0	0	5
2	G	1	1	1	4
...	...	...	...	...	...
20	G	4	1	2	3

Application dans R. Dans R, une base de données est un objet de type *Data Frame*.

Les fonctions R utiles dans la création de base de données sont les suivantes :

- `data.frame()` : fonction qui permet de regrouper une série de variables en un objet de type base de données ou qui permet de transformer un objet, comme par exemple une matrice, en un objet de type base de données.
- `read.table()`, `read.csv()`, `read.csv2()` : fonction qui permet d'importer dans R une base de données enregistrée dans un fichier .txt ou .csv.
- `head()` : fonction qui permet de vérifier si l'importation s'est bien faite ou simplement de voir ce qu'il y a dans une base de données. Cette fonction imprime dans la console R les 6 premières observations (sujets) et toutes les variables.
- `str()` : fonction qui liste toutes les variables d'une base de données et qui spécifie leur format respectif.

7 EXERCICES

Exercice 1

Construire la base de données des « questionnaires » suivants :

SUJET : 1
Sexe : Homme
Age : 43
Poids : 78
Taille : 176

SUJET : 2
Sexe : Femme
Age : 35
Poids : 67
Taille : 170

SUJET : 3
Sexe : Femme
Age : 48
Poids : 75
Taille : 163

Exercice 2

Créer la base de données « Absentéisme à l'école » dans Excel ou un autre tableur, la sauvegarder au format .csv et l'importer dans R (pour une introduction à R, se reporter à la partie 5).

7 CORRIGÉS

Exercice 1

La base de données se présente sous la forme suivante :

Identifiant	Sexe	Age	Poids	Taille
1	Homme	43	78	176
2	Femme	35	67	170
3	Femme	48	75	163

Exercice 2

Dans Excel/un tableur, on saisit les informations de la base de données présentée dans le cours (soit 21 lignes et 6 colonnes, voir fichier Absenteisme_2.csv).

On enregistre ensuite de la façon suivante : cliquer sur *Enregistrer sous*, puis dans *Nom de fichier* mettre (par exemple) *Exercice1*, dans *Type* choisir *CSV (séparateur : point-virgule)* (*.csv).

Pour importer les données dans R :

```
Data <- read.csv("Exercice1.csv",
header = TRUE, sep = ";")
```

Pour vérifier l'importation :

```
head(Data)
```

On peut aussi utiliser la commande suivante :

```
Data <- read.csv(file.choose(),
header = TRUE, sep = ";")
```

et ensuite aller sélectionner le ficher Exercice1.csv là où il est enregistré.

COURS

8 Les tableaux de fréquence

[MOTS-CLÉS : distribution, tableau de fréquences, univarié]

DÉFINITION

Le **tableau de fréquences** permet de synthétiser la **distribution** de variables qualitatives ou quantitatives discrètes en regroupant les sujets qui partagent la même modalité/valeur.

2. Tableaux

1 À quoi sert un tableau de fréquences ?

- La base de données n'offre pas une vision globale des résultats d'une expérience ou d'une étude : il est nécessaire de **résumer** les données.
- Le **tableau de fréquences** permet de synthétiser la **distribution** des variables en regroupant les sujets qui partagent la même modalité/valeur.
- La **distribution** d'une variable correspond au nombre de sujets qui obtiennent chaque modalité/valeur de la variable.

Application. Qui sont les absentéistes ?

Reprenons l'exemple du cours 7 sur les résultats d'une classe de 20 élèves (base de données « **Absentéisme à l'école** »). Avec la base de données, on ne sait pas s'il y a plus de garçons que de filles, s'il y a beaucoup de redoublants, ou encore quelle est la performance à l'examen : est-ce que les élèves ont plutôt réussi ou échoué ? La question serait bien sûr encore plus épineuse avec de grandes bases de données, incluant par exemple 500 voire encore plus de sujets. Les tableaux de fréquences pour chacune de ces variables permettent de répondre à ces questions.

2 Tableau de fréquences pour variables qualitatives et quantitatives discrètes

2.1 Créer le tableau de fréquences

- Pour construire un tableau de fréquences, on commence par **lister l'ensemble des modalités de la variable** en les classant par ordre croissant si la variable est qualitative ordinale ou quantitative discrète.

- On compte ensuite le nombre de sujets pour chaque modalité. Ce nombre se nomme l'**effectif** ou la **fréquence**. On l'appelle parfois également **fréquence brute**.
- Le tableau doit également contenir l'**effectif total de l'échantillon**, qu'on note **n**, soit dans notre exemple n = 20.
- Ces tableaux constituent autant de représentations **univariées**, c'est-à-dire qu'ils représentent la distribution d'une seule variable à la fois.

Application. Résumer l'information dans un tableau de fréquences

Les tableaux de fréquences pour les variables de la base de données « Absentéisme à l'école » sont les suivants.

Tableau de fréquences du genre

Genre	Effectif
Fille	10
Garçon	10
Total	20

Tableau de fréquences de la catégorie socioprofessionnelle des parents

CSP parents	Effectif
Ouvrier	3
Employé	7
Cadre	7
Cadre supérieur	3
Total	20

Tableau de fréquences du redoublement

Redoublant	Effectif
Oui	5
Non	15
Total	20

Tableau de fréquences des absences

Absences	Effectif
0	7
1	9
2	3
3	1
Total	20

Tableau de fréquences des notes à l'examen

Note à l'examen	Effectif
0	0
1	2
2	3
3	4
4	6
5	3
6	2
Total	20

Ces tableaux synthétisent les données relatives à chaque variable. On peut par exemple voir qu'il y a autant de garçons que de filles, ou encore qu'il y a 5 redoublants dans la classe.

Attention

Par convention, les tableaux de fréquences sont dressés avec la variable et ses différentes modalités figurant en lignes.

2.2 Ajouter les fréquences relatives et les pourcentages

- Il est possible et souvent souhaitable de rajouter d'autres informations au tableau de fréquences, comme les **fréquences relatives** ou les **pourcentages**.
- Les **fréquences relatives** se calculent en divisant l'effectif d'une modalité par l'effectif total.
- Les **pourcentages** se calculent en multipliant par 100 les fréquences relatives.
- La somme des fréquences relatives vaut 1 et la somme des pourcentages vaut 100.

Application. Fréquences relatives et pourcentages pour la variable redoublement

Tableau de fréquences du redoublement (avec fréquences relatives et pourcentages)

Redoublant	Effectif	Fréquence relative	Pourcentage
Oui	5	$5 \div 20 = 0{,}25$	25
Non	15	$15 \div 20 = 0{,}75$	75
Total	20	1	100

Attention
Les fréquences relatives et les pourcentages donnent la même information. Indiquer l'un ou l'autre dans un tableau de fréquences est suffisant.

2.3 Ajouter les effectifs cumulés et les fréquences relatives cumulées

- Lorsque l'échelle est qualitative ordinale ou quantitative, il est possible de calculer des **effectifs cumulés** ainsi que des **fréquences relatives cumulées**.
- Pour chaque modalité, on **ajoute les effectifs** des modalités plus petites. Dans ce cas, on parle d'effectifs cumulés croissants. On peut faire la même chose avec les fréquences relatives ou les pourcentages.

Application. Effectifs et pourcentages cumulés pour les notes à l'examen

Tableau de fréquences des notes à l'examen (avec effectifs cumulés, pourcentages et pourcentages cumulés)

Note à l'examen	Effectif	Effectif cumulé	Pour-centage	Pourcentage cumulé
0	0	0	0	0
1	2	2	10	10
2	3	$3 + 2 = 5$	15	$15 + 10 = 25$
3	4	$4 + 5 = 9$	20	$20 + 25 = 45$
4	6	$6 + 9 = 15$	30	$30 + 45 = 75$
5	3	$3 + 15 = 18$	15	$15 + 75 = 90$
6	2	$2 + 18 = 20$	10	$10 + 90 = 100$
Total	20	20	100	100

Les effectifs et pourcentages cumulés permettent de décrire la variable plus finement. Ainsi, on peut voir que 75 % des élèves ont une note inférieure ou égale à 4, ou encore que 10 % ont eu moins de 2.

Attention

Le cumul n'a pas de sens pour les variables qualitatives nominales, on ne calcule donc pas d'effectifs cumulés sur les variables nominales.

Attention

Selon la même logique, on peut calculer des effectifs cumulés décroissants et des pourcentages cumulés décroissants.

3 Tableau de fréquences pour variables quantitatives continues

3.1 Créer le tableau de fréquences

- La difficulté de synthétiser des variables quantitatives continues (ou discrètes avec beaucoup de valeurs observées) réside dans le fait qu'elles comportent un grand nombre de valeurs. Il serait à la fois fastidieux et illisible de dresser des tableaux tels que ceux utilisés pour les variables qualitatives et quantitatives discrètes.
- Une solution simple consiste à **créer des classes** regroupant les valeurs de la variable : ce tableau permet alors de résumer les données.
- Pour être **valide**, un regroupement en classes doit répondre à certaines caractéristiques précises qui sont expliquées en détail dans le **cours 10**.
- Le regroupement en classes est souvent arbitraire et reflète donc plus des **conventions** qu'autre chose (par exemple, utiliser des chiffres ronds : de 1 à 10, de 11 à 20, etc.). Une manière « neutre » de choisir le nombre de classes consiste à prendre **k** classes, avec $k = \sqrt{n}$ (**n** étant l'effectif total).
- Le regroupement en classes peut également se faire de manière **empirique**, c'est-à-dire selon les données elles-mêmes (par exemple former des classes de tailles égales), ou bien selon les **hypothèses** du/de la scientifique.

Application. Regroupement en classes de la taille

Le tableau de fréquences suivant représente la taille d'un ensemble d'individus. Les 68 observations sont réparties dans 32 différentes valeurs, ce qui rend la lecture du tableau difficile et peu informative.

Tableau de fréquences pour la taille

Taille	Effectif	Taille	Effectif	Taille	Effectif
148	1	166	2	179	2
150	1	167	4	180	1
153	1	168	5	181	1
156	1	169	4	182	1
157	1	170	3	183	2
158	1	171	4	185	1
159	2	173	6	186	1
160	1	174	5	189	1
162	2	175	4	191	1
163	2	176	2	196	1
164	3	177	1	**Total**	68

On peut opter pour un regroupement en classes afin de rendre le tableau plus utile et surtout plus lisible. Avec le tableau suivant, on sait par exemple que presque 40 % des sujets de l'échantillon mesurent entre 170 et 179 cm (exactement 39,7 %). Ici, on a retenu 6 classes, ce qui est un peu moins que la règle conventionnelle $k = \sqrt{n} = \sqrt{68} \approx 8$.

Tableau de fréquences de la taille avec regroupement en classes

Classes de taille	Effectif	Pourcentage
140-149	1	1,5
150-159	7	10,3
160-169	23	33,8
170-179	27	39,7
180-189	8	11,8
190-199	2	2,9
Total	68	100

Attention

On perd néanmoins de l'information, car on ne connaît plus la taille exacte des sujets. Par exemple, pour le sujet mesurant 148 cm, on sait qu'il mesure entre 140 et 149 cm, mais on ne sait plus sa taille exacte.

Application. Regrouper des modalités de manière empirique

Exemple : regroupement en fonction des données

Modalité	Effectif
Très souvent	2
Souvent	26
Rarement	15
Jamais	1
Total	44

Dans ce cas, le/la scientifique pourra choisir de regrouper d'une part les modalités « très souvent » et « souvent » et d'autre part les modalités « rarement » et « jamais », étant donné que les effectifs des modalités « très souvent » et « jamais » sont très faibles. Le regroupement est alors fait en tenant compte des effectifs de chaque modalité ainsi que de la pertinence du regroupement. En effet, on ne va jamais regrouper « très souvent » et « rarement » juste parce que cela serait correct en termes de taille d'effectifs.

Application. Regrouper des modalités selon les hypothèses de l'étude

Dans une recherche sur le réchauffement climatique, un chercheur se demande si la perception du risque par les individus est liée à leur degré d'information dans l'actualité. Puisque le réchauffement de la planète est présent dans les médias, on peut s'attendre à ce que les individus qui s'informent le plus soient particulièrement sensibilisés à ce problème.
Les variables et modalités suivantes sont utilisées :

- *perception du risque* : risque élevé, risque modéré, risque faible, risque inexistant ;
- *degré d'information* : tous les jours, 2-3 fois par semaine, 1 fois par semaine et moins, moins d'1 fois par mois.

Afin de mieux cerner l'effet des variables, le chercheur peut opter pour un regroupement des modalités sous la forme suivante :

- *perception du risque* : forte versus faible ;
- *degré d'information* : important versus faible.

Le regroupement est donc fait en fonction des hypothèses du chercheur et de ce qu'il cherche à mettre en évidence.

Attention

Dans les deux cas, le/la scientifique doit faire un compromis entre la pertinence de son choix et la perte d'information due à la contraction de l'échelle de mesure.

3.2 Alternative : le graphique tige et feuilles

- Un autre choix consiste à utiliser un **graphique tige et feuilles**. Ce type de graphique conserve toutes les valeurs de la variable.
- La première colonne représente les valeurs selon les **dizaines**, les **unités** étant rapportées dans la colonne des effectifs.
- De cette manière, le tableau ne comporte que 6 lignes et non plus 68, ce qui permet de gagner de la place sans perdre d'information.

Application. Graphique tige et feuilles pour la taille

On peut voir tout de suite que la majorité des sujets de l'échantillon mesurent entre 160 et 179 cm, les très petits et les très grands étant rares.

Graphique tige et feuilles pour la taille

Taille	Effectif
140	8
150	0,3,6,7,8,9,9
160	0,2,2,3,3,4,4,4,6,6,7,7,7,7,8,8,8,8,8,9,9,9,9
170	0,0,0,1,1,1,1,3,3,3,3,3,3,4,4,4,4,4,5,5,5,5,6,6,7,9,9
180	0,1,2,3,3,5,6,9
190	1,6

Mise en pratique

Il s'agit d'un outil utilisé dans la vie quotidienne, par exemple pour les horaires de bus et de tramway, comme les horaires de tram de Genève ci-contre.

	Lundi-Vendredi
04h	
05h	51
06h	03 15 29 42 55
07h	07 16 26 36 48 58
08h	08 19 29 40 51
09h	03 07 18 30 42 54
10h	06 18 29 41 52
11h	04 15 27 39 51
12h	03 16 26 38 50
13h	02 13 25 37 49
14h	00 12 24 36 47 59

Application dans R. Les fonctions R utiles pour ce cours sont les suivantes :

- `table()` : fonction qui donne les effectifs par modalité/valeur d'une variable.
- `addmargins()` : permet d'ajouter au tableau l'effectif total. Nous pouvons choisir d'ajouter uniquement les valeurs marginales en colonnes ou uniquement celles en lignes. Pour cela, il suffit d'ajouter le paramètre 1 (ligne) ou 2 (colonne) de cette manière : `addmargins(…,1)`.
- `prop.table()` : fonction qui donne les fréquences relatives par modalité/valeur d'une variable.
- `cumsum()` : fonction qui donne les fréquences cumulées.
- `cut()` : Permet de créer une variable quantitative discrète à partir d'une variable continue (ou de diminuer le nombre de catégories d'une variable quantitative discrète).
- `stem()` : Permet de faire un graphique tige et feuilles (stem-and-leaf plot en anglais).
- R ne permet pas facilement d'avoir des tableaux complets comme présentés dans ce cours, c'est pourquoi nous avons créé la fonction `TABLEAU()` qui se trouve dans un fichier à télécharger (voir les instructions en début d'ouvrage) et à charger dans R à l'aide de la fonction `source()`.
- Attention, les fonctions `addmargins()`, `prop.table()` et `cumsum()` ne peuvent pas s'appliquer directement, mais doivent s'appliquer sur un objet de type *table*.

8 EXERCICES

Exercice 1

Une psychologue recueille des données sur le QI de la classe de 20 enfants de la base de données « Absentéisme à l'école ». Les données sont les suivantes :

115, 102, 98, 112, 121, 82, 78, 113, 100, 108, 78, 95,
107, 124, 108, 101, 100, 87, 96, 103

1) Faites un tableau de fréquences de cette variable en incluant les pourcentages et les pourcentages cumulés.

2) Commentez les résultats obtenus.

Exercice 2

Un chercheur découvre sur le site Internet de M&M's que la couleur des bonbons dans chaque sachet est fixée : 24 % de bleus, 20 % d'orange, 16 % de verts, 14 % de marron, 14 % de jaunes et 13 % de rouges. Il décide de manger un paquet de M&M's et reporte la distribution des couleurs suivante (chaque lettre correspond à l'initiale de la couleur) :

O, M, R, M, V, J, B, B, O, V, J, O, B, R, B, O, M, V, B, J

Saisissez ces données dans R et utilisez R pour répondre aux questions suivantes.

1) Combien y a-t-il de M&M's dans le paquet ?

2) Combien y a-t-il de M&M's rouges ?

3) Quelle est la proportion de chacune des couleurs de M&M's ?

4) Calculez les effectifs cumulés des couleurs de M&M's.

5) Est-ce que les proportions annoncées de M&M's semblent respectées ?

Exercice 1

1) Étant donné que la variable comporte de nombreuses modalités, il est plus judicieux de choisir un regroupement en classes. On peut choisir un regroupement classique avec des classes de 10 en 10 :

Tableau de fréquences du QI avec regroupement en classes

Classe de taille	Effectif	Pourcentage	Pourcentage cumulé
70-79	2	10	10
80-89	2	10	20
90-99	3	15	35
100-109	8	40	75
110-119	3	15	90
120-129	2	10	100
Total	20	100	100

2) On peut voir que la plupart des enfants ont un QI moyen (le QI moyen vaut 100), puisque 70 % des enfants ont un QI compris entre 90 et 119 (15 % + 40 % + 15 %). Seuls 10 % des enfants ont un QI inférieur à 80 et 10 % des enfants ont un QI supérieur ou égal à 120.

Attention
Pour décrire les résultats, il est nécessaire d'être très rigoureux. Ainsi, on peut dire « 10 % des enfants ont un QI inférieur à 80 » (80 étant exclu) ou « 10 % des enfants ont un QI inférieur ou égal à 79 » (79 étant inclus).

Exercice 2

Saisir les données dans R au format texte :

```
couleur <- c("O", "M", "R", "M", "V",
"J", "B", "B", "O", "V", "J", "O", "B",
"R", "B", "O", "M", "V", "B", "J")
```

1) Il y a 20 M&M's dans le paquet.
Pour obtenir le nombre d'observations :

```
> sum(table(couleur))
```

2) Il y a 2 M&M's rouges.

```
> table(couleur)
couleur
B J M O R V
5 3 3 4 2 3
```

3) Il y a 25 % de M&M's bleus, 15 % de jaunes, 15 % de marron, 20 % d'orange, 10 % de rouges et 15 % de verts.

```
> prop.table(table(couleur))
couleur
   B    J    M    O    R    V
0.25 0.15 0.15 0.20 0.10 0.15
```

Attention
Si vous utilisez des arrondis, veillez à ce que le total fasse 100.

4) Cela n'a pas de sens de calculer des effectifs cumulés sur une variable qualitative nominale. Si cela avait un sens, on utiliserait : `TABLEAU(couleur)`.

5) Les proportions annoncées semblent assez bien respectées sur cet échantillon de 20 M&M's. Toutefois, la statistique inférentielle serait nécessaire pour répondre formellement à cette question.

COURS

9 Les tableaux de contingence

[MOTS-CLÉS : bivarié, profils colonnes, profils lignes, tableau de contingence]

DÉFINITION

Le **tableau de contingence** permet de représenter le lien entre deux variables qualitatives ou quantitatives discrètes.

1 À quoi sert un tableau de contingence

- Les tableaux de fréquences donnent des informations indépendantes pour chacune des variables étudiées, mais ne permettent pas de **croiser** des variables. Par exemple : les redoublants sont-ils plus absents que les non-redoublants ? Qui obtient les meilleures notes, les filles ou les garçons ?
- Pour répondre à ces questions, il est nécessaire de faire un **tableau de contingence** ou **tableau à double entrée**, qui prend en compte les deux variables simultanément en combinant leurs modalités.
- Le tableau de contingence rend compte de la **distribution bivariée** : on peut apprécier la répartition de chaque modalité d'une variable selon celle de l'autre variable.

Application. Genre et redoublement

Tableau de contingence selon le genre et le redoublement

		Redoublant	
		Oui	Non
Genre	Fille	2	8
	Garçon	3	7

Ce tableau montre que le nombre de redoublants est très proche parmi les filles et les garçons : 2 filles et 3 garçons.

Attention

Si les variables comportent plus de deux modalités, il suffit d'ajouter des lignes ou des colonnes. Néanmoins, plus il y a de lignes ou de colonnes et plus les résultats deviennent difficiles à apprécier et à analyser.

		Redoublant	
		1 fois	2 fois ou plus
Genre	Fille		
	Garçon		

- On peut aussi utiliser le tableau de contingence pour les **variables qualitatives ordinales** et **quantitatives discrètes** (pour autant qu'il n'y ait pas trop de valeurs).
- Par contre, l'utiliser pour des **variables quantitatives continues** serait illisible et très peu informatif : le tableau de contingence n'est pas adapté dans ce cas. Lorsqu'on s'intéresse à la distribution bivariée de deux variables dont l'une est quantitative continue, on utilisera des représentations graphiques présentées dans le **cours 14**.

Application. Nombre d'absences et redoublement

Tableau de contingence selon le redoublement et le nombre d'absences

		Absences			
		0	1	2	3
Redoublant	Oui	0	3	1	1
	Non	7	6	2	0

2 Ajouter les effectifs totaux et marginaux

- Comme pour les tableaux de fréquences, les totaux peuvent être reportés dans le tableau de contingence.
- L'**effectif total** est reporté dans la dernière case en bas à droite.
- Les **effectifs marginaux**, qui représentent le total pour l'une des variables sans prendre en compte les modalités de l'autre, figurent sur la dernière ligne et la dernière colonne du tableau.

Application. Effectifs totaux et marginaux du genre et du redoublement

Tableau de contingence selon le genre et le redoublement

		Redoublant		
		Oui	Non	**Total**
Genre	Fille	2	8	10
	Garçon	3	7	10
	Total	5	15	20

La dernière colonne reporte l'effectif marginal pour le genre : 10 filles et 10 garçons. La dernière ligne reporte l'effectif marginal pour les redoublants : 5 redoublants et 15 non-redoublants. L'échantillon compte 20 sujets.

3 Calculer les profils lignes et les profils colonnes

- Il est aussi possible de calculer des **pourcentages** sur un tableau de contingence.
- Les pourcentages relatifs à l'ensemble de l'échantillon ne sont pas très intéressants. Par contre, on peut calculer des pourcentages en lignes, ou **profils lignes**, et des pourcentages en colonnes, ou **profils colonnes**. Cela permet de répondre à des questions du genre : y a-t-il plus de filles ou de garçons qui redoublent ?

Application. Profils colonnes pour le genre et le redoublement

Les pourcentages en colonnes se réfèrent aux colonnes : on calcule le pourcentage de chaque modalité figurant en colonnes (ici le redoublement) en utilisant le total de la colonne correspondante.

Profils colonnes du redoublement

		Redoublant		
		Oui	Non	**Total**
Genre	Fille	2 ÷ 5 × 100 = 40 %	8 ÷ 15 × 100 = 53 %	10 ÷ 20 × 100 = 50 %
	Garçon	3 ÷ 5 × 100 = 60 %	7 ÷ 15 × 100 = 47 %	10 ÷ 20 × 100 = 50 %
	Total	100 %	100%	100 %

On peut voir que parmi les redoublants, 40 % sont des filles, ou autrement dit 40 % des redoublants sont des filles (et donc 60 % des redoublants sont des garçons). La dernière colonne montre qu'il y a autant de filles que de garçons dans l'échantillon (50 % de chaque) et correspond à la distribution marginale du genre, que les élèves aient redoublé ou non.

Application. Profils lignes pour le genre et le redoublement

Les pourcentages en lignes se réfèrent quant à eux aux lignes : on calcule le pourcentage de chaque modalité figurant en lignes (ici le genre) en utilisant le total de la ligne correspondante.

Profils colonnes du redoublement

		Redoublant		
		Oui	Non	Total
Genre	Fille	2 ÷ 10 × 100 = 20 %	8 ÷ 10 × 100 = 80 %	100 %
	Garçon	3 ÷ 10 × 100 = 30 %	7 ÷ 10 × 100 = 70 %	100 %
	Total	5 ÷ 20 × 100 = 25 %	15 ÷ 20 × 100 = 75 %	100 %

Parmi les filles, 20 % sont redoublantes, ou autrement dit, 20 % des filles sont redoublantes, tandis que 30% des garçons le sont. La dernière ligne reporte la distribution marginale du redoublement, avec 25 % de redoublants, quel que soit leur genre.

Attention

On distingue les profils en lignes des profils en colonnes car ils ne répondent pas à la même question (voir ci-dessous), même si parfois on a l'impression d'arriver aux mêmes conclusions (comme ici).

Application. Absentéisme des élèves selon leur genre

Le tableau de contingence suivant présente de nouveau l'absentéisme des élèves, mais cette fois dans une classe de 50 élèves et selon leur genre. L'absentéisme est codé de la façon suivante : « peu » = avoir été absent moins de 3 fois au cours de l'année, « beaucoup » = avoir été absent 3 fois et plus au cours de l'année.

Tableau de contingence de l'absentéisme des élèves selon leur genre

		Genre		
		Garçons	Filles	Total
Absentéisme	Beaucoup	10	10	20
	Peu	5	23	30
	Total	15	35	50

Les profils lignes et profils colonnes figurent dans les tableaux suivants :

Profils lignes

		Genre		
		Garçons	Filles	Total
Absentéisme	Beaucoup	50 %	50 %	100 %
	Peu	17 %	83 %	100 %
	Total	30 %	70 %	100 %

Profils colonnes

		Genre		
		Garçons	Filles	Total
Absentéisme	Beaucoup	67 %	29 %	40 %
	Peu	33 %	71 %	60 %
	Total	100 %	100 %	100 %

Attention

Ces pourcentages sont intéressants dans la mesure où ils permettent de décrire la distribution et d'avoir une première idée des résultats obtenus et du **lien** entre deux variables qualitatives. Néanmoins, il est nécessaire d'aller plus loin pour estimer la relation entre deux variables qualitatives et pour tirer des conclusions. C'est la statistique inférentielle qui va permettre ensuite de tester si les variables sont liées ou indépendantes et de répondre à cette question.

Le tableau des profils lignes montre que filles et garçons sont aussi nombreux à être absents : parmi les élèves « beaucoup » absents 50 % sont des filles et 50 % sont des garçons.
En revanche, le tableau des profils colonnes montre que les garçons sont plus souvent absents : 67 % d'absences fréquentes (« beaucoup ») parmi les garçons, contre 29 % parmi les filles.
Dans la première situation (profils lignes), on se pose la question suivante : parmi les élèves souvent absents, quelle est la proportion de filles et de garçons ? Tandis que dans la seconde situation (profils colonnes), la question est : est-ce que les garçons sont plus souvent absents que les filles ?

Application dans R. Les fonctions R utiles pour ce cours sont les mêmes que celles du **cours 8**.

9 EXERCICES

Exercice 1

Raisonner sur des pourcentages et des effectifs est malaisé et conduit à nombre d'erreurs. Quelles sont les erreurs des énoncés ci-dessous ?

1) Suite à la fusion de deux universités, un salarié rapporte que le nombre d'étudiants en échec a très fortement augmenté.
2) Une personnalité voulant dénoncer les inégalités de genre déclare que « 10 % des femmes sont dirigeantes d'entreprise ».
3) Un homme politique se désespère que le nombre d'incivilités a augmenté dans son pays depuis 50 ans.

Exercice 2

Utiliser R pour reproduire la table « Absentéisme des élèves », mais en prenant la base de données « Absentéisme à l'école » et en catégorisant la variable « Absentéisme » de la manière suivante : « peu » = avoir été absent 0 ou une fois, « beaucoup » = avoir été absent 2 ou 3 fois.

Exercice 1

1) L'erreur est que le salarié raisonne sur des effectifs sans prendre en compte le fait que le nombre d'étudiants a fortement augmenté avec la fusion des deux universités. Il y a forcément plus d'étudiants en échec, si le nombre d'étudiants total a fortement augmenté. Il serait nécessaire de travailler sur des pourcentages et non sur des effectifs.
2) L'homme politique s'est trompé en raisonnant sur les profils-lignes et les profils-colonnes. Il voulait évidemment dire que 10 % des personnes dirigeant une entreprise sont des femmes…
3) Il est très probable que la population du pays ait (fortement) augmenté depuis les années 50. De fait, les incivilités ont également augmenté. L'homme politique devrait raisonner sur le taux d'incivilité (proportion ou pourcentage) et non sur l'effectif.

Exercice 2

Créer une nouvelle variable:

```
Absenteisme <-
cut(Absences,c(0,2,10),right
=FALSE,labels=c("Peu","Beaucoup"))
```

Croiser les variables Genre et Absentéisme:

```
TABLE <- table(Absenteisme,Genre)
> addmargins(TABLE)
            Genre
Absenteisme Fille  Garçon   Sum
   Peu         7       9    16
   Beaucoup    3       1     4
   Sum        10      10    20

> addmargins(prop.table(TABLE,2),1)
                 Genre
Absenteisme     Fille       Garçon
   Peu           0.7          0.9
   Beaucoup      0.3          0.1
   Sum           1.0          1.0

> addmargins(prop.table(TABLE,1),2)
            Genre
Absenteisme Fille   Garçon   Sum
   Peu      0.4375  0.5625  1.0000
   Beaucoup 0.7500  0.2500  1.0000
```

COURS

10 Recoder ses données

[MOTS-CLÉS : agrégation, classes, dichotomisation]

DÉFINITION

Le **recodage** consiste à modifier les variables existantes en regroupant des modalités/valeurs ou en agrégeant plusieurs questions afin de créer de nouvelles variables.

1 Agrégation

1.1 Agrégation de questions

- Il est courant en psychologie d'utiliser des questionnaires comportant un grand nombre de questions ou d'items afin de mesurer un concept. La plupart du temps, ces items sont **agrégés** pour former un **score global** rendant compte du concept ou d'une de ses dimensions.
- En agrégeant différentes questions, on suppose qu'elles mesurent le **même concept**. Cela ne constitue qu'un postulat qui doit être vérifié : le/la scientifique doit s'assurer de la validité de l'agrégation qu'il opère (ou s'appuyer sur les travaux d'autres scientifiques qui s'en sont assurés et ont publié un article sur ce sujet).
- Ce recodage ne concerne que des variables **quantitatives**.

Application. Agréger des questions pour évaluer le stress post-traumatique

Le questionnaire « effet des évènements » (plus couramment nommé IES pour *Impact of Events Scale* en anglais) est un questionnaire qui permet de mesurer le stress post-traumatique consécutif à un évènement traumatique. L'IES comporte 15 questions. Les sujets répondent sur une échelle en cinq points allant de « pas du tout » (coté « 0 ») à « extrêmement » (coté « 4 »). Le score global de stress post-traumatique des individus est calculé en agrégeant toutes les réponses aux items, c'est-à-dire en sommant les réponses des 15 questions de l'échelle. Ainsi, le score global s'étend de 0 à 60. Notez que les réponses sont considérées comme mesurées sur une échelle quantitative d'intervalles.
L'IES peut de plus être décomposée en trois dimensions (appelées sous-échelles), qui sont établies en agrégeant seulement certains items du

questionnaire complet : 4 items ont trait à l'hypervigilance (par exemple : « j'ai ressenti des vagues de sentiments intenses à propos de l'événement »), 4 autres à l'intrusion (par exemple : « j'ai rêvé de l'événement ») et enfin, 4 à l'évitement (par exemple : « j'ai essayé d'éviter d'y penser »). Cela permet d'établir des sous-scores afin de savoir ce qui perturbe le plus les personnes traumatisées. Ces 3 sous-scores vont de 0 à 16. En voici un exemple :

Exemples de réponses de deux sujets à l'IES

Modalité	Sujet n° 1	Sujet n° 2
Hypervigilance	10	16
Intrusion	13	15
Évitement	6	14
Total IES	35	51

De manière générale, le sujet n° 1 souffre moins de stress post-traumatique que le sujet n° 2 : son score global à l'IES est nettement plus faible. Plus précisément, il est peu affecté par des phénomènes d'évitement (son score à cette sous-échelle est plus faible qu'aux deux autres sous-échelles), alors que le sujet n° 2 est gêné de manière équivalente par chacune des composantes du stress post-traumatique.

Si vous êtes étonnés par le fait que le score global ne soit pas la somme des sous-échelles, c'est parce que vous avez lu trop vite… En effet, les sous-échelles sont composées de 4 questions chacune, ce qui fait 12 questions, tandis que l'IES complet en contient 15.

1.2 Agrégation de modalités/valeurs

- Pour les variables **qualitatives**, il est possible de **regrouper** des **modalités** (ou des valeurs pour les variables quantitatives discrètes avec peu de modalités) lorsque certaines sont trop peu citées ou bien que cela fait plus de sens (voir **cours 8**).
- Ce recodage fait **perdre de l'information,** mais peut s'avérer indispensable quand certaines modalités sont tellement peu citées qu'il est impossible de faire des analyses plus poussées.

Application. Exposition au risque d'inondation: regrouper des modalités

Reprenons l'exemple du cours 8 sur l'exposition au risque. Imaginons que le chercheur s'intéresse à un échantillon de sujets habitant à proximité immédiate d'un fleuve dont les crues sont courantes, et donc fortement concerné par le risque d'inondation. Si on leur demande leur niveau d'exposition au risque, la plupart des sujets choisiront alors probablement «risque élevé» ou «risque très élevé» au détriment des modalités «risque inexistant» et «risque faible». Le chercheur pourra regrouper «risque inexistant» et «risque faible» afin d'avoir trois modalités présentant un effectif suffisamment important dans chacune pour poursuivre ses analyses.

2. Tableaux

- Lorsque les variables **quantitatives** comportent un nombre important de valeurs, le/la scientifique peut constituer des **classes**, en agrégeant plusieurs valeurs ensemble, afin de **réduire leur nombre**.
- Le regroupement en classes doit répondre à plusieurs critères:
  - Les classes doivent être **exhaustives**: chaque observation doit trouver une classe où se loger;
  - Elles doivent être **exclusives**: chaque observation ne doit trouver qu'une seule classe où se loger;
  - Elles doivent être soit de **même amplitude** (c'est-à-dire que chaque classe regroupe le même nombre de valeurs), soit **logiquement** ou **«cliniquement» pertinentes**.
- En revanche, le regroupement en classes fait **perdre de l'information** sur la variable. Il n'est donc pas très recommandé de l'utiliser, car il vaut mieux garder toute l'information possible. Néanmoins, cela peut être utile à des fins descriptives.
- Une autre limite de la constitution de classes est le **caractère arbitraire des classes**, qui dépend entièrement de l'appréciation du/de la scientifique ou des conventions du domaine.

Application. Un exemple très courant: créer des classes d'âge

Un concierge érudit recense l'âge des habitants d'un immeuble. Il obtient les résultats suivants:

12, 45, 18, 47, 70, 33, 26, 7, 4, 7, 69, 24, 25, 40, 38, 10, 13, 8, 54,
60, 30, 31, 2, 5, 35, 9, 48, 36

Bien que peu nombreuses, ces données ne sont pas facilement manipulables et synthétisables. Le concierge peut donc opter pour un regroupement en classes :

Tableau de fréquences de l'âge (7 classes)

Classe d'âge	Effectif
0 – 10	8
11 – 20	3
21 – 30	4
31 – 40	6
41 – 50	3
51 – 60	2
61 – 70	2
Total	28

Il peut également opter pour un regroupement moins fin :

Tableau de fréquences de l'âge (3 classes)

Classe d'âge	Effectif
0 – 24	12
25 – 49	12
50 – 74	4
Total	28

On peut remarquer que dans les deux cas, les classes sont :

- exclusives : par exemple il n'y a pas de classe 0-10 et 10-20, dans laquelle les personnes de 10 ans pourraient loger dans deux classes ;
- exhaustives : elles ne le seraient pas s'il y avait un habitant de 75 ans ; ce dernier ne trouverait sa place dans aucune des classes créées ;
- de même amplitude : 10 ans pour le premier recodage, 25 ans pour le second.

Attention

Pour un certain nombre de variables, il existe des critères fixés. C'est par exemple le cas de l'indice de masse corporel (IMC), qui compte les classes suivantes : sous-poids : $< 18,5$; normal : $\geq 18,5$ et ≤ 25 ; surpoids : > 25 et ≤ 30 ; et obésité : > 30. Les classes ont été définies de manière scientifique afin de savoir à partir de quel IMC les individus peuvent avoir des problèmes de santé. Elles ne sont pas de même amplitude ; elles sont par contre exclusives et exhaustives. Elles ne sont pas immuables : elles peuvent être modifiées si des connaissances scientifiques nouvelles les remettent en cause.

2 Dichotomisation

2.1 Les variables dichotomiques

- Dichotomiser revient à créer une variable n'ayant que deux modalités, nommée variable **dichotomique**. C'est donc un cas particulier de l'agrégation, où on retient seulement deux modalités.
- La dichotomisation concerne plutôt des variables **quantitatives** et **qualitatives ordinales**, qui sont alors transformées en variables qualitatives nominales. Par exemple, on peut coder la réussite à un examen avec « 0 » pour l'échec et « 1 » pour la réussite, que la variable d'origine soit mesurée de manière quantitative (par exemple des notes de 0 à 20) ou qualitative ordinale (par exemple des mentions).
- Décider où couper la distribution pour former deux groupes est une décision importante car cela peut affecter les résultats. Il existe plusieurs manières de procéder pour créer une variable dichotomique :
  - **Utiliser un indice de tendance centrale ou de position** : une procédure courante consiste à séparer la distribution en deux groupes en utilisant la moyenne ou la médiane, ou bien une position spécifique afin d'avoir par exemple 30 % des sujets dans un des groupes (voir **cours 15**).
  - **Utiliser les règles fixées dans des recherches préalables** : souvent, d'autres scientifiques se sont chargés de réfléchir à la question de la meilleure manière de dichotomiser une variable. Avant de dichotomiser vous-même, regardez si des travaux sur le sujet n'existent pas déjà, ce qui permettra de vous ôter une épine du pied et vous reposer sur une dichotomisation fiable et reconnue, même si, de manière générale, la dichotomisation est à éviter (voir l'encart **Attention** à la page suivante).

Application. Créer des groupes selon la consommation d'alcool

Un médecin recueille des données sur la consommation d'alcool de 10 patients suivis dans le service d'alcoologie. Les résultats figurent dans le tableau repris à la page suivante.

On peut utiliser le nombre de verres d'alcool bus pour caractériser la consommation, mais on peut aussi recoder cette variable. Le thérapeute peut par exemple choisir de créer des groupes selon la moyenne du nombre de verres bus par jour. La moyenne vaut ici 2,3. Les sujets buvant 2 verres ou moins par jour se verront attribuer l'étiquette « en dessous de la moyenne » et ceux buvant 3 verres ou plus l'étiquette « au-dessus de la moyenne » (colonne 3).

Il est également possible de recoder la variable en utilisant des cut-off (c'est-à-dire des valeurs seuil) définies dans des travaux antérieurs. Ainsi, on sait qu'une consommation de 2 verres par jour ou plus est considérée « à risque ». On peut donc créer 2 groupes selon le risque lié à la consommation (colonne 4).

Tableau de la consommation d'alcool

Sujet	Nombre de verres/jour	Groupe selon la moyenne	Groupe selon le cut-off
1	3	Au-dessus	À risque
2	2	En dessous	À risque
3	5	Au-dessus	À risque
4	3	Au-dessus	À risque
5	2	En dessous	À risque
6	1	En dessous	Pas à risque
7	0	En dessous	Pas à risque
8	2	En dessous	À risque
9	1	En dessous	Pas à risque
10	4	Au-dessus	À risque

Attention

De tous les recodages présentés, la dichotomisation est celui qui fait perdre le plus d'information sur les variables. Ces procédures sont acceptables pour représenter les données de manière simple, mais sont fortement déconseillées si on souhaite faire ensuite des analyses plus poussées comme la statistique inférentielle. Reprenons l'exemple des classes d'âge : en regroupant par tranche de 10 ans, on fait l'hypothèse que des enfants de 2 ans et des enfants de 9 ans se ressemblent plus que des enfants de 9 ans et des enfants de 11 ans. C'est peu crédible ! Le problème est le même pour la dichotomisation. On voit souvent, en santé mentale, un « diagnostic » basé sur un questionnaire. Par exemple, l'Inventaire de Dépression de Beck a un score global qui va de 0 à 39 et au-delà de 15, on considère le sujet comme souffrant d'une dépression sévère. Ainsi, on passe d'une mesure fine de gravité de la dépression à un diagnostic oui/non. Non seulement on regroupe les personnes ayant un score de 0 avec celles ayant eu 15 (et celles ayant eu 16 avec celles ayant un score de 39), mais que se passe-t-il avec les sujets ayant juste 15 ou juste 16 ? Ils ne seront pas dans le même groupe !

2.2 Les variables muettes

- Il existe enfin un dernier cas de dichotomisation qui concerne cette fois-ci les variables **qualitatives nominales** et **ordinales** : recoder les modalités en **présence/absence**.
- On les appelle alors des **variables muettes** : une variable est appelée muette pour exprimer le fait qu'elle dépend entièrement de la variable originale, bref, qu'elle n'a rien à dire... En anglais, on parle de *dummy variable* : variable mannequin ou variable factice.
- Cette opération consiste à considérer chacune des modalités d'une variable comme une **variable à part entière**, qui sera codée en présence, si l'observation appartient à cette modalité, ou en absence, si l'observation n'appartient pas à cette modalité.
- Le tableau obtenu s'appelle un **tableau disjonctif complet**. Il est complet car la somme d'une ligne fait nécessairement 1 lorsque le recodage se fait en 1 pour présent et 0 pour absent (le sujet ne peut appartenir qu'à une modalité) et aucune cellule n'est vide.
- Ce recodage est couramment utilisé pour les variables qualitatives car il est plus adapté à **l'analyse statistique**.

Application. Recodage de la situation familiale en tableau disjonctif complet

Une sociologue étudie la variable « situation familiale » comportant les modalités suivantes : « célibat », « mariage », « divorce », « veuvage », « concubinage ». Cette variable avec 5 modalités va donner naissance à 5 variables :

- « célibat » : oui/non
- « mariage » : oui/non
- « divorce » : oui/non
- « veuvage » : oui/non
- « concubinage » : oui/non

On peut représenter ce nouveau codage sous forme de tableau. La base de données initiale est la suivante :

Base de données de la situation familiale

Sujet	Situation familiale
1	Célibat
2	Mariage
3	Mariage
4	Concubinage
5	Célibat

Sujet	Situation familiale
6	Concubinage
7	Mariage
8	Divorce
9	Mariage
10	Divorce

2. Tableaux

Le tableau disjonctif complet est le suivant :

Tableau disjonctif complet de la situation familiale

Sujet	Célibat	Mariage	Divorce	Veuvage	Concubinage
1	Oui	Non	Non	Non	Non
2	Non	Oui	Non	Non	Non
3	Non	Oui	Non	Non	Non
4	Non	Non	Non	Non	Oui
5	Oui	Non	Non	Non	Non
6	Non	Non	Non	Non	Oui
7	Non	Oui	Non	Non	Non
8	Non	Non	Oui	Non	Non
9	Non	Oui	Non	Non	Non
10	Non	Non	Oui	Non	Non

Application dans R. Les fonctions R utiles pour ce cours sont les suivantes :

- `apply()` : fonction qui permet d'appliquer un même calcul aux lignes ou aux colonnes d'une matrice (ou d'une base de données).
- `levels()` : fonction qui attribue des « noms » aux différentes modalités d'une variable de type *facteur*.
- `facteur()` ou `as.facteur()` : fonction qui « transforme » une variable de n'importe quel type en une variable de type *facteur*.
- `class()` : fonction qui permet de savoir de quel type est une variable.
- `cut()` : fonction qui découpe une variable en classes.

10 EXERCICES

Exercice 1

Lors d'une étude sur la consommation de café parmi des chefs d'entreprise, nous avons observé les réponses suivantes à la question « Buvez-vous plus de 3 cafés par jour ? » :

Jamais	Rarement	Parfois	Souvent	Très souvent	Toujours
5	14	16	7	2	18

Que suggérez-vous pour recoder cette variable et pourquoi ?

Exercice 2

Reprenons l'exemple concernant la consommation d'alcool de patients suivis dans le service d'alcoologie. Le médecin mesure également leur dépendance à l'alcool, au moyen des 11 critères du DSM-5 (la 5e édition du manuel diagnostique et statistique des troubles mentaux). Chaque critère est présent ou absent. Les résultats pour les 10 patients sont les suivants :

Sujet	Q1	Q2	Q3	Q4	Q5	Q6	Q7	Q8	Q9	Q10	Q11
1	0	0	0	0	0	1	1	1	0	0	1
2	0	0	0	0	0	0	0	0	0	1	0
3	1	1	1	0	1	1	0	0	1	1	0
4	1	0	0	1	0	0	0	0	1	0	0
5	0	1	0	0	0	0	1	0	0	0	0
6	0	0	0	0	0	0	0	0	1	0	0
7	0	0	0	0	0	0	0	0	1	0	0
8	1	0	0	0	0	0	0	0	1	0	0
9	1	0	0	0	0	0	0	1	0	0	0
10	1	1	0	0	1	0	0	0	1	0	0

Proposez deux recodages pour ces données.

10 CORRIGÉS

Exercice 1

Si on choisit de faire des classes de même taille, il faudrait regrouper les modalités « Jamais », « Souvent » et « Très souvent » afin d'avoir un effectif de 14 dans cette nouvelle catégorie. Cela est évidemment absurde. Les 2 catégories problématiques (dans la mesure où elles ont un effectif très faible) sont « Jamais » et « Souvent ». Un recodage possible serait de regrouper « Jamais » avec « Rarement » et « Très souvent » avec « Toujours » :

Rarement	Parfois	Souvent	Très souvent
19	16	7	20

Une autre possibilité serait de faire 2 groupes, donc de dichotomiser selon « Parfois » versus « Souvent » :

Parfois	Souvent
35	27

Exercice 2

Dans les études scientifiques d'alcoologie, deux recodages sont utilisés :

- agréger les questions pour former un score total de dépendance à l'alcool (qui peut varier de 0 à 11) ;
- dichotomiser en utilisant le critère scientifique établi pour définir la dépendance à l'alcool, en l'occurrence avoir 2 critères ou plus (information que vous avez pu trouver très facilement en consultant Internet sur le sujet).

Les recodages donnent les nouvelles variables suivantes :

Sujet	Score total	Groupe
1	4	Dépendant
2	1	Non dépendant
3	7	Dépendant
4	3	Dépendant
5	2	Dépendant
6	1	Non dépendant
7	1	Non dépendant
8	2	Dépendant
9	2	Dépendant
10	4	Dépendant

Notez que l'on a besoin du score total pour pouvoir créer la variable dichotomique. Dans les études scientifiques, on utilisera plutôt le score total, qui permet de conserver plus d'information que le simple cut-off de 2, qui présente l'inconvénient de regrouper des patients très disparates (par exemple le sujet n° 5 qui a 2 critères et le sujet n° 3 qui en a 7) dans le même groupe.

Partie 3

Graphiques

11 COURS Graphiques pour variables qualitatives

[MOTS-CLÉS : diagramme circulaire, diagramme en bâtons, distribution]

DÉFINITION

La **distribution** d'une **variable qualitative**, c'est-à-dire sa forme générale, peut être représentée visuellement par différents types de graphiques.

1 Diagramme circulaire

- Le **diagramme circulaire**, ou **graphique à secteurs**, ou plus communément **camembert**, est une représentation graphique qui fait correspondre une fréquence relative à un angle.
- Pour construire un diagramme circulaire, on commence par dresser le **tableau de fréquences** de la variable (voir **cours 8**).
- On calcule ensuite les **fréquences relatives** pour chacune des modalités.
- Enfin, on convertit chaque fréquence relative en **angle**, en multipliant les fréquences relatives par 360, lorsque l'unité utilisée est le **degré**.
- Auparavant, on **dessinait le graphique** en utilisant un rapporteur pour tracer les angles et des couleurs différentes pour chaque secteur. De nos jours, on laisse un **logiciel** le faire pour nous. Il suffit de bien lui spécifier le tableau à utiliser.
- On écrit une **légende** pour savoir à quelle modalité correspond chacun des secteurs du graphique.

Application. Construire un diagramme circulaire

Les salariés d'une entreprise ont estimé leur satisfaction au travail lors d'une enquête dans leur entreprise. On commence par dresser le tableau de fréquences en incluant les angles :

3. Graphiques

Tableau de fréquences de la satisfaction des salariés au travail

Satisfaction au travail	Effectif	Fréquence relative	Angle
Pas du tout satisfait	32	0,256	0,256 × 360 = 92,16
Peu satisfait	46	0,368	0,368 × 360 = 132,48
Assez satisfait	28	0,224	0,224 × 360 = 80,64
Très satisfait	19	0,152	0,152 × 360 = 54,72
Total	125	1	360

Le diagramme circulaire correspondant est le suivant :

Diagramme circulaire de la satisfaction des salariés au travail

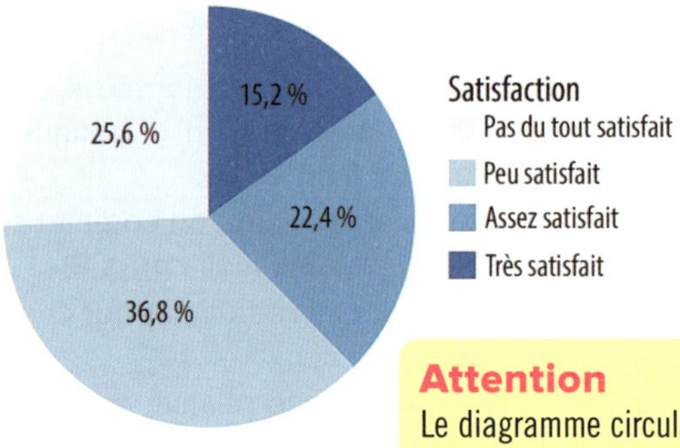

Attention
Le diagramme circulaire représente uniquement des proportions (fréquences relatives ou pourcentages).

Attention
Les erreurs sont nombreuses avec ce type de graphique :

- Associer un angle à un pourcentage peut rendre la comparaison malaisée ;
- Il est très facile de tromper la lecture, par exemple en utilisant une forme 3D (voir **cours 14**) ; et donc, il est fortement déconseillé d'utiliser la représentation 3D !
- Une modalité ne comportant aucune observation ne sera pas représentée ;
- Un trop grand nombre de modalités entrave la lecture. On choisira ce graphique si on n'a pas trop de modalités : maximum entre 7 et 10.

S'ils sont très populaires dans les médias ou le monde des affaires, pour toutes ces raisons, les diagrammes circulaires sont moins couramment employés dans le milieu scientifique.

2 Diagramme en bâtons

- Le **diagramme en bâtons**, ou **diagramme à bandes rectangulaires**, fait correspondre à un effectif (ou une proportion) une **distance**, le plus souvent une **hauteur**.
- Pour construire un diagramme en bâtons, on commence par dresser le **tableau de fréquences** de la variable.
- Sur l'**axe des x** (axe horizontal), on liste toutes les modalités de la variable par ordre croissant si la variable est qualitative ordinale ou quantitative discrète, ou arbitrairement pour une variable qualitative nominale. Dans tous les cas, les barres doivent être à intervalles réguliers. On nomme l'axe avec le nom de la variable.
- Sur l'**axe des y** (axe vertical), on reporte les effectifs, les fréquences relatives ou les pourcentages, en respectant l'échelle et en nommant l'axe selon ce qu'il représente.
- On **trace un bâton** d'une hauteur correspondant à l'effectif ou au pourcentage pour chacune des modalités. Chaque bâton a la même épaisseur et est séparé des autres par la même distance. Idéalement, ce bâton est simplement un trait pour éviter de suggérer que la modalité représente un intervalle.

Application. Diagramme en bâtons des absences mensuelles des salariés

Le dirigeant de l'entreprise, en plus de la satisfaction, s'intéresse aux absences de ses salariés.

Tableau de fréquences des absences mensuelles

Absences mensuelles	Effectif
0	13
1	28
2	25
3	21
4	17
5	15
6	6
Total	125

Le diagramme en bâtons correspondant est le suivant :

Diagramme en bâtons des absences mensuelles

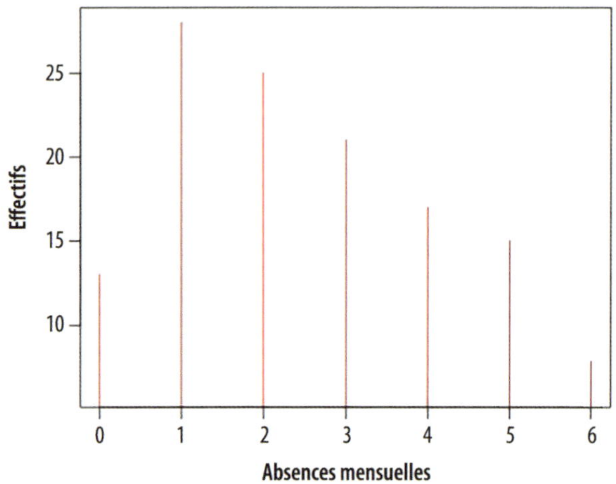

Attention

Visuellement, cette représentation graphique est bien souvent plus facile à lire que le diagramme circulaire et plus évidente. Elle est donc plus fréquemment utilisée dans le milieu scientifique. De plus, elle représente également la **distribution** de la variable, c'est-à-dire sa forme générale incluant tous les sujets.

Attention

Il ne faut pas confondre le diagramme en bâtons avec l'histogramme (voir **cours 12**), une erreur très fréquente.

Attention

Il est possible de ne pas commencer la numérotation à zéro sur l'axe des y, mais cela fausse la lecture du graphique (voir **cours 14**). Ce n'est pas le cas pour l'axe des x, car cela dépend, évidemment, du type de variable. Par exemple, il n'y a pas de 0 à une variable nominale, ou encore on ne commence pas l'axe des x à zéro si une variable quantitative discrète a une étendue (voir **cours 16**) entre 20 et 50.

Application dans R. Les fonctions R utiles pour ce cours sont les suivantes :

- `pie()` : fonction qui produit un diagramme circulaire (*pie chart* en anglais).
- `barplot()` : fonction qui produit un diagramme en bâtons. Attention, les bâtons du diagramme sont des rectangles.
- `plot()` : fonction qui permet de faire plein de graphiques de types différents.
- Attention, les fonctions `pie()` et `barplot()` ne peuvent pas s'appliquer directement, mais doivent s'appliquer sur un objet de type *table*. Pour la fonction `plot()`, lorsqu'on l'applique à un objet de type *table*, elle produit un diagramme en bâtons où les bâtons sont des traits.

Exercice 1

En prenant la base de données « Absentéisme à l'école » et à l'aide de R :

1) Faire un diagramme circulaire de la variable *CSP Parents* ;
2) À l'aide de la fonction *help* de R, ajouter un titre ;
3) À l'aide de la fonction *help* de R, modifier les couleurs des secteurs.

Exercice 2

Toujours en utilisant la base de données « Absentéisme à l'école » et à l'aide de R :

1) Faire un diagramme en bâtons des effectifs de la variable *Note* ;
2) Ajouter un titre ;
3) Faire un diagramme en bâtons des fréquences relatives de la variable *Note* ;
4) Refaire le graphique demandé en 3) en faisant aller l'axe y de 0 à 1.

Exercice 3

Un journal publie le graphique suivant :

Évolution de l'usage du cannabis chez les jeunes de 17 ans

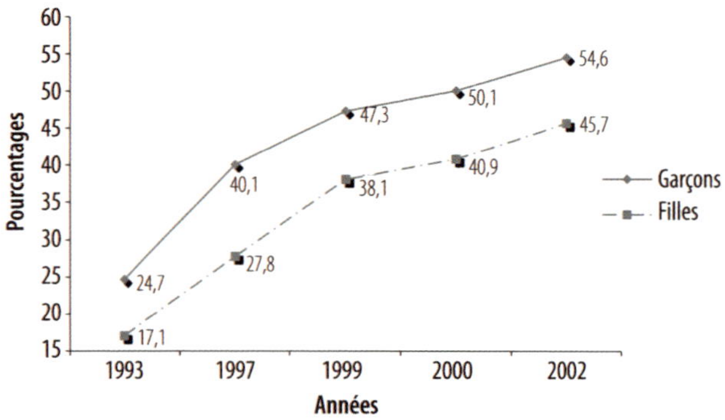

1) Identifier les variables, leur échelle de mesure et l'objectif de l'étude.
2) Ce graphique comporte plusieurs erreurs. Quelles sont-elles ?

11 CORRIGÉS

Exercice 1

1) `pie(table(CSP.parents))`
2)
```
pie(table(CSP.parents),
main="CSP Parents")
```
3)
```
pie(table(CSP.parents),
main="CSP Parents", col=c
("cornflowerblue","brown4",
"darkgoldenrod1","chartreuse4"))
```

Exercice 2

1) `barplot(table(Note))`
2)
```
barplot(table(Note),main=
"Classe de Mme Brigitte")
```
3) Pour plutôt dessiner des traits:
```
plot(prop.table(table(Note)),
main="Fréquences relatives",
ylab="Fréquences relatives")
```
4)
```
plot(prop.table(table(Note)),
main="Fréquences relatives",
ylab="Fréquences relatives",
ylim=c(0,1))
```

Exercice 3

1) Les variables sont les suivantes:
   - le sexe des jeunes de 17 ans, variable qualitative nominale à deux modalités (garçon ou fille);
   - la consommation de cannabis, variable qualitative à deux modalités (oui ou non);
   - le temps mesuré en années, variable quantitative mesurée ici de manière discrète, échelle d'intervalle.

L'étude s'intéresse donc globalement à l'évolution de la consommation de cannabis chez les jeunes de 17 ans à différentes périodes (1993, 1997, 1999, 2000 et 2002).

2) Ce graphique comporte deux grosses erreurs (pour plus d'informations, voir **cours 14**):
   - Sur l'axe des x, l'échelle de mesure n'est pas respectée: une même distance sépare 1993 de 1997 (intervalle de 4 ans) que 1997 de 1999 (intervalle de 2 ans), 1999 de 2000 (intervalle d'une année) et 2000 de 2002 (intervalle de 2 ans). La distance entre les modalités de la variable doit être proportionnelle à leur valeur.
   - Sur l'axe des y, l'échelle commence à 15 %, ce qui fausse la lecture des résultats. L'échelle devrait commencer à zéro.

On peut également noter d'autres erreurs:
   - Le graphique ne spécifie pas dans quel pays sont recueillies les données, ni de quel type de consommation il s'agit: quotidienne, hebdomadaire, de temps en temps ou, comme souvent dans ce genre d'étude, «a essayé au moins une fois dans sa vie». Le graphique devrait apporter toutes les informations nécessaires à sa compréhension, dans son contenu, son titre et sa légende.
   - L'ombre des points correspondant aux pourcentages de garçons et de filles rend la lecture moins facile et ce type d'effet devrait donc être évité.

12 COURS
Graphiques pour variables quantitatives

[MOTS-CLÉS : graphique boîte à moustaches, densité empirique, distribution, fonction de répartition empirique, histogramme]

DÉFINITION

Une **variable quantitative** continue peut être représentée par différents types de graphiques qui permettent de visualiser sa **distribution**.

1 Histogramme

- L'histogramme permet de représenter une variable quantitative continue en faisant correspondre une **densité** à un effectif. Autrement dit, non seulement la hauteur des barres compte (comme dans le diagramme en bâtons), mais aussi leur largeur. Ce sont donc des rectangles qui sont représentés et leur surface correspond à l'effectif ou à la fréquence relative de cette classe.
- De manière intuitive, on calcule des densités en démographie, par exemple en comptant le nombre d'habitants pour une certaine superficie. Cela donne une idée de la concentration de la population. Dans ce contexte-là, cette densité, sur une carte, sera représentée par une couleur spécifique.
- L'idée est la même pour l'histogramme : une densité est calculée en fonction de l'effectif dans un **intervalle**, déterminé par le regroupement en classes. Cette fois-ci, la densité sera représentée par la surface d'un rectangle ; plus celle-ci sera grande, plus la surface correspondante sera importante.
- L'histogramme permet d'apprécier la **forme** de la distribution, et notamment sa **dispersion** : est-ce que les scores sont très étalés ou très peu ?
- On peut faire un histogramme en utilisant les **effectifs** ou les **fréquences relatives**, alors seule l'échelle de l'axe des y change.

Application. Histogramme du climat social

L'histogramme suivant présente les réponses de 2000 salariés interrogés sur la question du climat social de leur entreprise, sur un questionnaire de 40 questions notées de 1 à 5, soit un score total variant de 40 (très mauvais climat social) à 200 (très bon climat social).

Histogramme du climat social (8 classes)

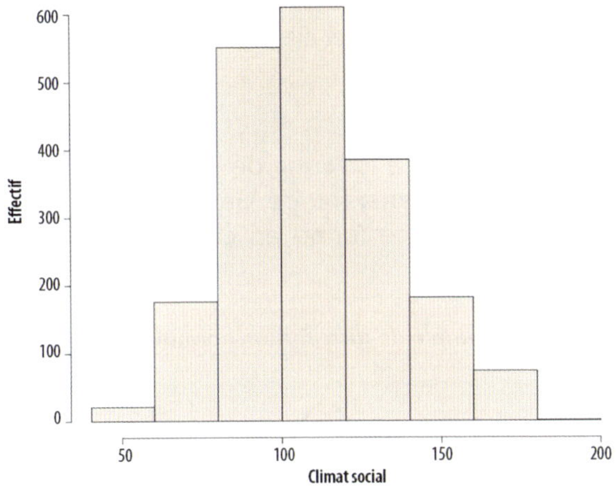

Ici, 8 classes de scores de climat social sont représentées. On peut également choisir d'en représenter plus.

Histogramme du climat social (15 classes)

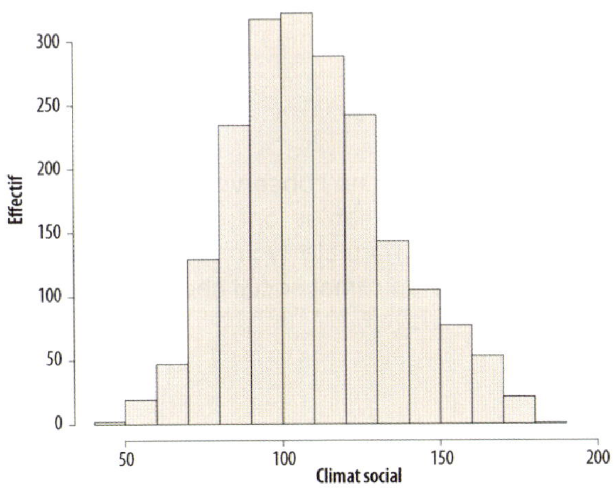

Attention
Dans cet exemple, les classes sont de même amplitude, c'est-à-dire que chaque classe représente un intervalle de même longueur. Pour la représentation en 8 classes, les intervalles sont de taille 20 : [40 ; 60[, [60 ; 80[, [80 ; 100[, etc. (c'est-à-dire : de 40 inclus à 60 exclu, de 60 inclus à 80 exclu, etc.). Les largeurs des barres sont donc les mêmes. Comme la variable est continue, les barres sont collées les unes aux autres, contrairement au diagramme en bâtons où les bâtons sont séparés. C'est une distinction très importante entre histogramme et diagramme en bâtons, souvent source de confusion.

- Un point intéressant a trait à la **forme** de la distribution. Certaines distributions sont dites **normales (ou de Gauss ou encore de Laplace)**, c'est-à-dire qu'elles ont une forme en cloche, comme le graphique ci-dessous le montre.

Exemple de distribution normale

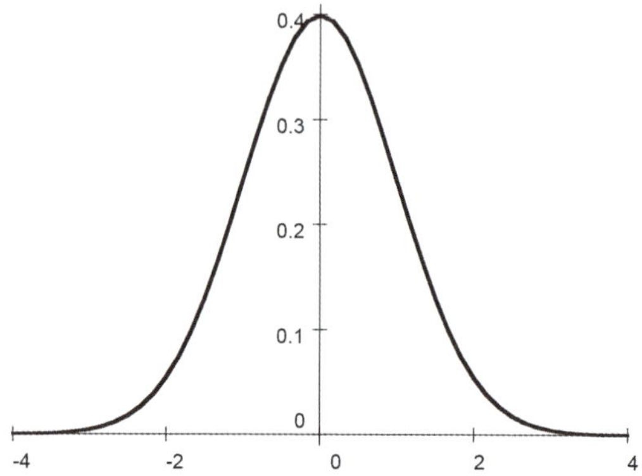

- Ce modèle est **théorique** : on ne l'observe jamais dans la nature, mais toutefois de nombreuses variables ont une distribution qui se rapproche d'une distribution normale (voir également **cours 17 et 18**). C'est le cas de l'exemple du climat social chez les salariés ci-dessus.

2 Densité empirique et fonction de répartition empirique

- On peut représenter la **densité de probabilité empirique** de la variable continue, qui consiste à tracer une **courbe** correspondant à la forme de sa distribution.
- Les informations sont semblables à celles de l'histogramme, mais la ligne permet d'indiquer l'allure générale de la distribution de manière plus visuelle. Le fait de tracer une courbe sans avoir recours à des classes donne une information plus précise.
- Ce graphique se rapproche du **polygone de fréquences relatives** (ou **d'effectifs**), qui consiste à relier par une **ligne** le milieu des sommets des rectangles formant l'histogramme. Ce type de graphique est très peu utilisé de nos jours.

Application. Densité empirique de la distribution du climat social

Densité empirique de la distribution du climat social

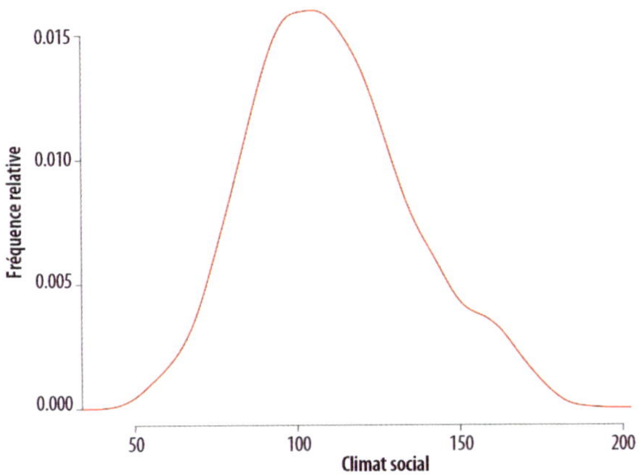

Le graphique montre que les données sont plutôt normalement distribuées (c'est-à-dire, suivent une distribution normale), avec peu de personnes ayant un score très faible (par exemple 50) ou très élevé (par exemple 180).

- On peut également représenter la **fonction de répartition empirique** de la variable continue. Cette dernière consiste non plus à tracer une courbe correspondant à la forme de la distribution, mais au **cumul des fréquences relatives** (ou des effectifs).

3. Graphiques

- L'axe des x correspond aux valeurs prises par la variable par ordre croissant (comme dans l'histogramme ou la densité empirique) et l'axe des y correspond aux fréquences relatives cumulées.
- Cette fonction est très importante en statistique : elle attribue une **probabilité** à chacune des valeurs de la distribution (voir **cours 17**).
- On peut également tracer un **polygone de fréquences relatives cumulées** (ou d'**effectifs cumulés**). Il s'agit du même principe que la fonction de répartition empirique, mais en utilisant les classes de l'histogramme pour construire le graphique.

Application. Fonction de répartition empirique pour le climat social

Fonction de répartition empirique pour le climat social

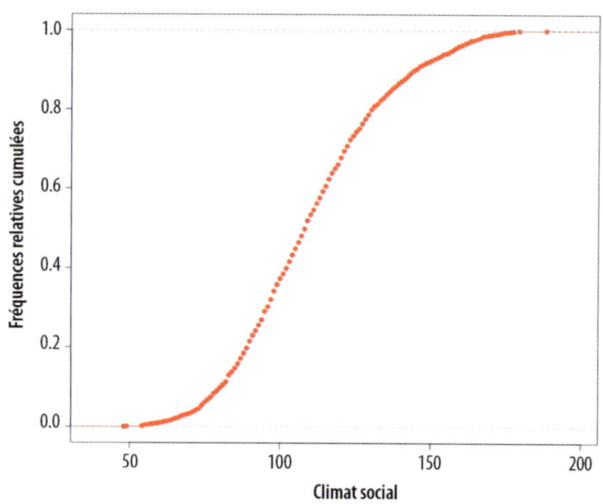

La fonction est **croissante** (elle augmente constamment), la probabilité d'avoir 200 ou moins au questionnaire de climat social est de 1 (100 % de l'échantillon a un score inférieur à 200), comme représenté dans le graphique repris à la page suivante :

Fonction de répartition empirique pour le climat social (fréquence relative pour un score de 200)

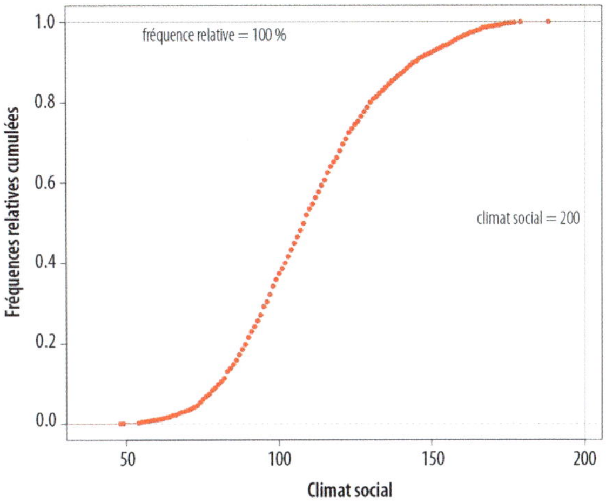

On peut également voir que 37 % des participants ont un score de 100 ou moins :

Fonction de répartition empirique pour le climat social (fréquence relative pour un score de 100)

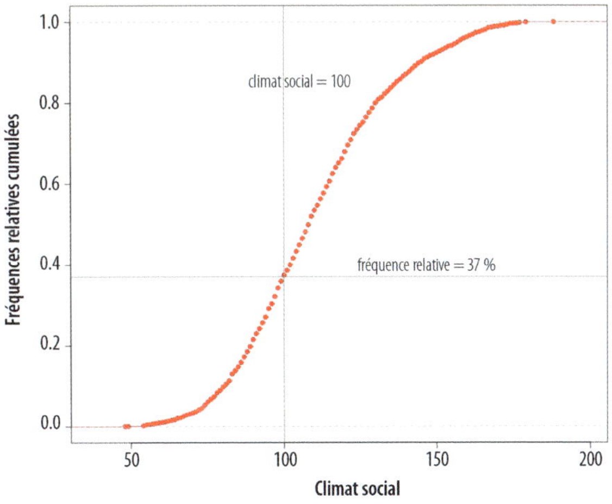

3 Graphique boîte à moustaches

- Un dernier type de graphique courant pour représenter une variable quantitative continue, ou également quantitative discrète, est le **graphique boîte à moustaches**. Il permet de donner une vision d'ensemble de la distribution de la variable, en particulier apprécier sa **dispersion** et les **valeurs extrêmes**.
- Le graphique boîte à moustaches utilise plusieurs indices pour être tracé : le **minimum** (la valeur la plus petite de la distribution), le **maximum** (la valeur la plus grande de la distribution) et les **quartiles**.
- Les **quartiles** correspondent aux valeurs de la variable qui séparent la distribution en quatre groupes contenant chacun 25 % des observations (pour le calcul des quartiles, se reporter aux **cours 15 et 16**) :
  - La **médiane** (ou Q2) est la valeur qui sépare la distribution en deux groupes contenant chacun 50 % des observations ;
  - Le **premier quartile** (Q1) est la valeur qui sépare la distribution en deux groupes : le premier groupe contient les 25 % des observations avec les valeurs les plus faibles et le second les 75 % des observations avec les valeurs les plus élevées ;
  - Le **troisième quartile** (Q3) est la valeur qui sépare la distribution en deux groupes : le premier groupe contient les 75 % des observations avec les valeurs les plus faibles et le second les 25 % des observations avec les valeurs les plus élevées.
  - La distance entre Q1 et Q3 est appelée **écart interquartile**.
- Les **valeurs extrêmes** sont des sujets atypiques ayant des valeurs qui s'écartent beaucoup de celles des autres sujets, qu'elles soient très faibles ou très élevées. Il existe plusieurs manières de définir ce qu'est une valeur extrême en général et sur un graphique boîte à moustaches en particulier. Ici, nous choisissons comme critère qu'une valeur est considérée comme extrême si elle est distante de plus de 1,5 écart interquartile, un choix sur lequel s'accordent nombre de scientifiques.

Application. Compétences verbales chez les enfants
L'exemple suivant reporte les résultats à un test de compétence verbale pour 53 enfants sous forme de tableau de fréquences.

Tableau de fréquences pour le test de compétence verbale

Score	Effectif	Effectif cumulé	Fréquence relative cumulée
4	1	1	1.9
7	1	2	3.8
8	5	7	13.2
9	3	10	18.9
10	4	14	26.4
11	7	21	49.6
12	9	30	56.6
14	12	42	79.2
15	7	49	92.5
16	3	52	98.1
21	1	53	100.0
Total	53	53	100%

Le graphique boîte à moustaches correspondant est le suivant :

Graphique boîte à moustaches du test de compétence verbale

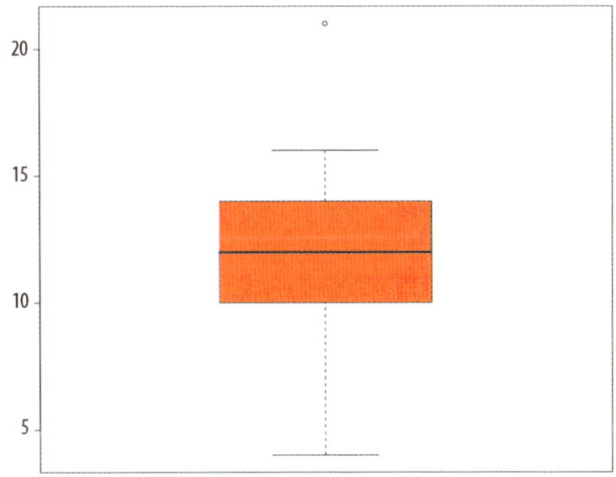

- Concrètement, le graphique se construit comme suit :
- On trace l'**axe des y** en listant les **valeurs de la variable** (ici comprises entre 4 et 21). Il n'est pas nécessaire de commencer l'axe à zéro. On

3. Graphiques

trace un **trait épais** pour la **médiane** (la longueur de ce trait, qui définit la «largeur» de la boîte, n'a pas d'importance). Ici elle vaut 12 (le 27ᵉ enfant, qui sépare l'échantillon en deux, a un score de 12).

- On trace un **trait fin** pour **Q1** (ici Q1 = 10) et **Q3** (ici Q3 = 14), qui permettent de définir avec la médiane 4 groupes contenant chacun 25 % des observations.
- On **trace une boîte** qui délimite **l'écart interquartile**, qui contient 50 % des observations au centre de la distribution (ici 14 – 10 = 4).
- Pour tracer les **moustaches**, on calcule d'abord leur longueur, ici 6 (1,5 × 4, l'écart interquartile). La moustache du bas va donc de 10 (Q1) à 10 – 6 = 4 et la moustache du haut de 14 à 14 + 6 = 20. Comme il n'y a aucune observation qui vaut 20, on s'arrête à la première observation avant cette limite, en l'occurrence 16. C'est pour cela que les moustaches ne sont pas ici de la même taille.
- Le **minimum** (ici 4) est atteint par la moustache du bas et le **maximum** (ici 21) sera représenté par un point au-delà de la moustache du haut et sera donc, selon la définition, considéré comme une **valeur extrême**.
- Aujourd'hui, c'est bien sûr un logiciel qui permet de tracer le graphique boîte à moustaches, mais il est indispensable de savoir comment il est construit pour pouvoir le lire et le comprendre.

Comment construire un graphique boîte à moustaches

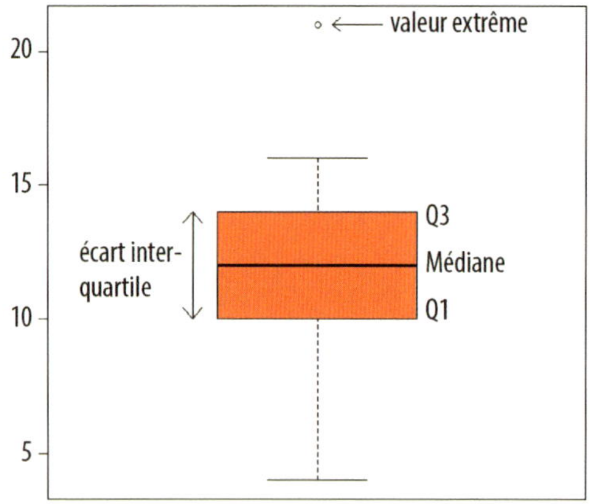

Application. Dispersion et symétrie des distributions

Le graphique boîte à moustaches donne une information sur la dispersion de la variable et sa symétrie. En voici plusieurs exemples.

La dispersion dans un graphique boîte à moustaches : exemple 1

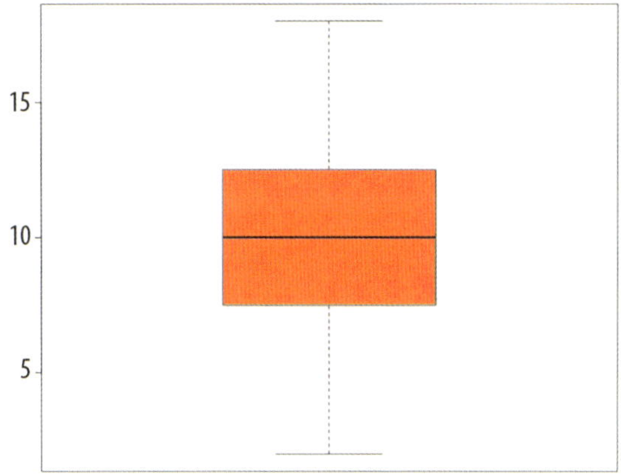

Dans ce graphique, la distribution est **symétrique** : la médiane est centrée dans la boîte et les moustaches sont de même longueur. La dispersion est faible autour de la médiane, car la boîte est petite, mais la dispersion est plus importante dans les **queues de distribution**, car les moustaches sont plus grandes.

La dispersion dans un graphique boîte à moustaches : exemple 2

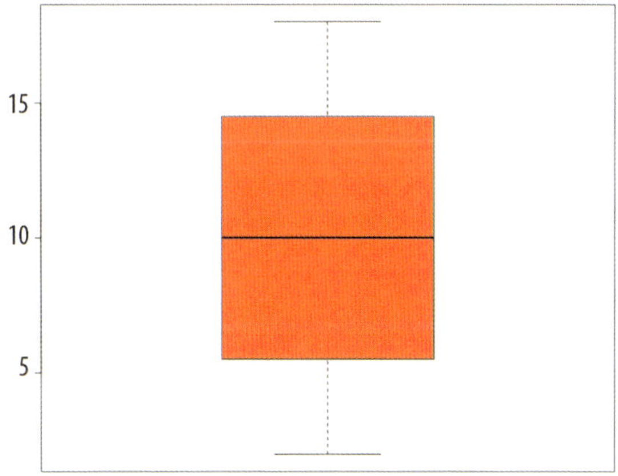

3. Graphiques

La distribution est également **symétrique**, mais la dispersion autour de la médiane est plus importante, car la boîte est plus grande que dans l'exemple 1.

La dispersion dans un graphique boîte à moustaches : exemple 3

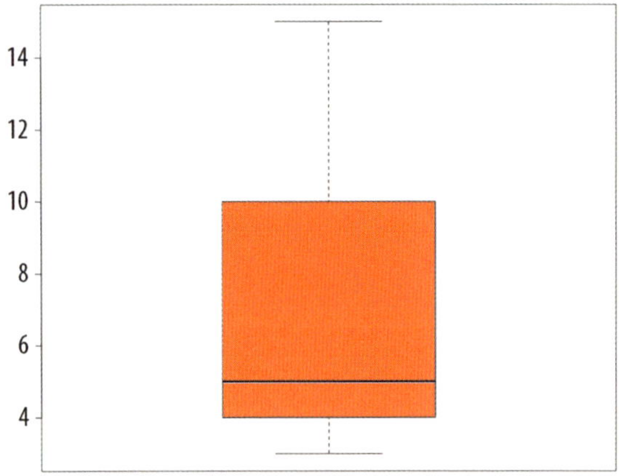

La distribution est cette fois-ci **asymétrique** : la médiane n'est pas au centre de la boîte, elle est décalée vers les valeurs basses. Les moustaches sont également asymétriques, avec la première moustache (minimum jusqu'à Q1) plus courte que la seconde (Q3 jusqu'au maximum). On parle d'**asymétrie positive** (voir **cours 18**) : la distribution est étalée vers les valeurs élevées de la variable : 50 % des sujets ont entre 2 et 5 et 50 % entre 5 et 18.

La dispersion dans un graphique boîte à moustaches : exemple 4

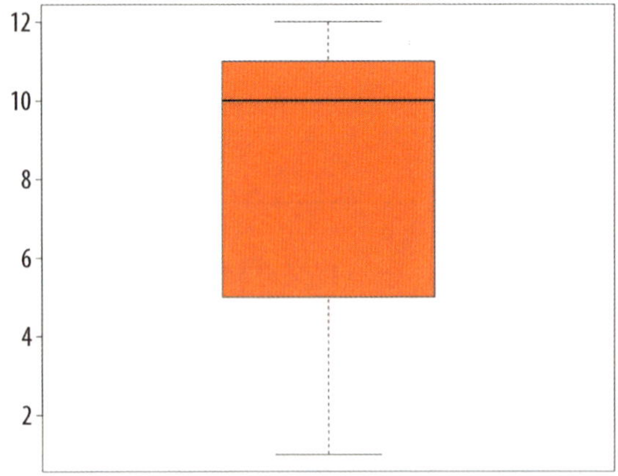

On peut également avoir une **asymétrie négative**, lorsque la distribution est étalée vers les valeurs faibles de la variable. Ici, 50 % des sujets ont entre 1 et 10 et 50 % entre 10 et 12. La dispersion est plus grande pour les valeurs basses.

Application dans R. Les fonctions R utiles pour ce cours sont les suivantes :

- `hist()` : fonction qui permet de faire un histogramme ;
- `density()` : fonction qui, lorsqu'elle est associée à la fonction `plot()`, permet de dessiner la densité empirique ;
- `ecdf()` : fonction qui, lorsqu'elle est associée à la fonction `plot()`, permet de dessiner la fonction de répartition empirique ; ecdf signifie *empirical cummulative density function*.
- `boxplot()` : fonction permettant de produire des boîtes à moustaches (*box and whisker plot* en anglais).

Exercice 1

Les scores suivants, obtenus sur un échantillon de 200 parachutistes volant en *wingsuit* (une combinaison ailée), sont regroupés en 10 classes de l'échelle « Recherche de sensations ». La recherche de sensations est un trait psychologique qui fait que les individus ont besoin d'expériences et de sensations nouvelles et intenses qui peuvent les amener à prendre des risques.

Classes	Effectif
[0 ; 5[	1
[5 ; 10[	5
[10 ; 15[	7
[15 ; 20[	10
[20 ; 25[	18
[25 ; 30[	25
[30 ; 35[	30
[35 ; 40[	36
[40 ; 45[	48
[45 ; 50]	20

1) En utilisant les données de ce tableau, construire à la main un histogramme avec 10 classes de taille égale.

2) Construire à la main un graphique boîte à moustaches en vous aidant des informations suivantes :
Minimum = 2 (seconde plus petite valeur = 5)
Q1 = 26
Médiane = 35
Q3 = 41
Maximum = 49 (2 sujets ont 49, 4 sujets ont 48).

3) Commentez les résultats obtenus.

Exercice 2

1) En utilisant la base de données (à télécharger) « climat social », construire à l'aide de R un histogramme :

a. En utilisant les effectifs

b. En utilisant les fréquences relatives

c. En choisissant 8 classes
d. En choisissant 16 classes

2) Avec la même base de données, construire à l'aide de R un graphique boîte à moustaches.

Exercice 3

Les données suivantes présentent les résultats en mathématiques de trois classes d'élèves de 12 ans. Les notes sont données de 0 à 20. Les graphiques boîte à moustaches suivants indiquent la distribution pour chacune des classes.

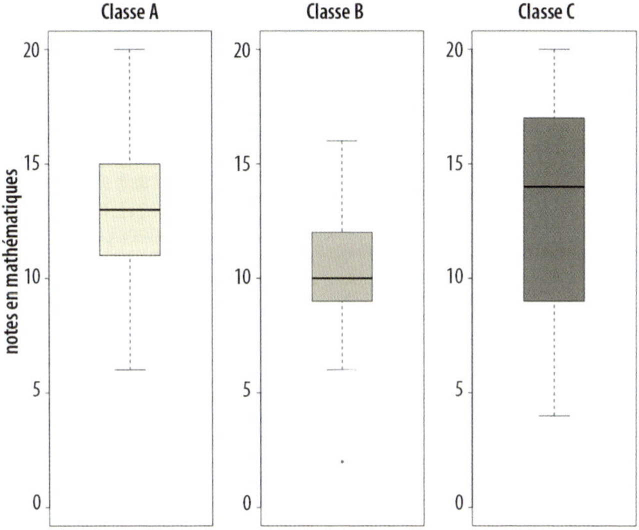

1) Quelle classe est la moins performante ?

2) Dans quelle classe y a-t-il le plus d'hétérogénéité (autrement dit, quelle classe a les écarts entre élèves les plus grands) ?

3) Quelle classe est la plus homogène ?

4) À quoi correspond l'élève qui a 2 dans la classe B ?

3. Graphiques

12 CORRIGÉS

Exercice 1

1) L'histogramme construit à la main aura cette allure:

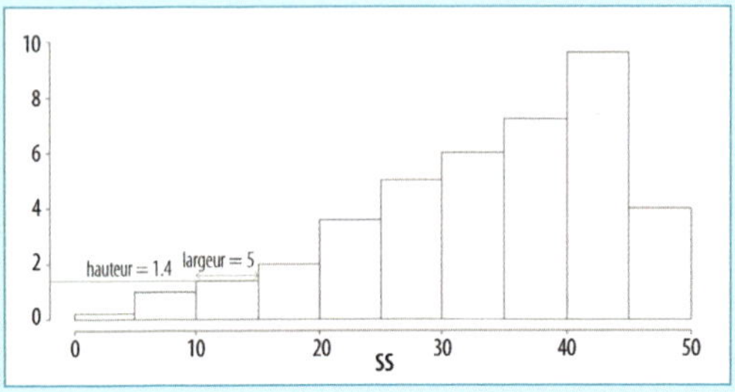

Par exemple, pour la classe [10;15[, le rectangle a une largeur de 5 et une hauteur de 1.4, ce qui fait comme surface: 5 x 1.4 = 7, ce qui est bel est bien l'effectif de cette classe. Les hauteurs sont, respectivement: 0.2, 1, 1.4, 2, 3.6, 5, 6, 7.2, 9.6 et 4.

2) Le graphique boîte à moustaches aura l'allure suivante:

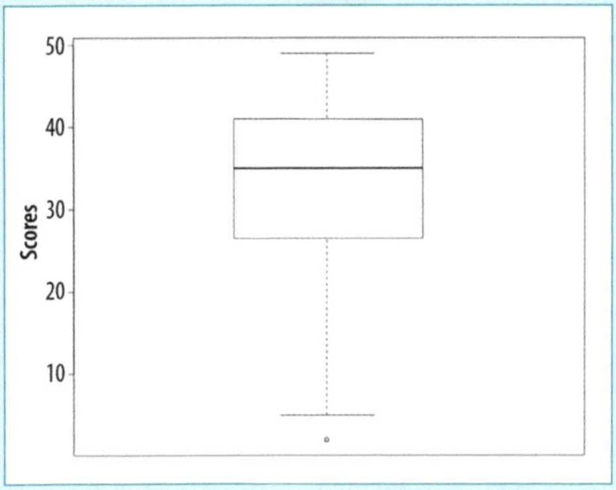

3) On peut voir dans l'histogramme et le graphique boîte à moustaches que la distribution est décalée vers les grandes valeurs: elle présente une asymétrie négative. La composante psychologique « recherche de sensations » semble donc être assez élevée chez les parachutistes volant en wingsuit, ce qui n'est pas très surprenant!

Exercice 2

1) a. `hist(Climat$score)`

b. `hist(Climat$score,freq=FALSE)`

c.
```
hist(Climat$score, xlab=
"Climat social", main=
"Histogramme", breaks=7)
```
ou:
```
hist(Climat$score,
xlab="Climat social",
main="Histogramme",
breaks=c(40,60,80,100,
120,140,160,180,200))
```

d.
```
hist(Climat$score, xlab=
"Climat social", main=
"Histogramme", breaks=15)
```
ou:
```
hist(Climat$score,xlab=
"Climat social", main=
"Histogramme",
breaks=40+10*c(0:16))
```

2) `boxplot(Climat$score)`

Exercice 3

1) La classe B: la note maximale est de 16, contre 20 pour les deux autres classes, et la médiane avoisine 10, alors qu'elle est autour de 14 dans les deux autres classes.

2) La classe C est la plus hétérogène: la boîte est très grande (entre 9 et 17) et les notes s'étendent de 4 à 20.

3) Au contraire, la dispersion est faible dans la classe B, avec une boîte s'étendant entre 9 et 12 et les notes entre 6 et 16. Le niveau des élèves dans cette classe est donc plus homogène.

4) Cet élève est une valeur extrême: il s'écarte de plus de 1,5 fois l'écart-interquartile des notes de sa classe.

COURS 13 Graphiques bivariés

[MOTS-CLÉS : corrélation, diagramme de dispersion, graphiques juxtaposés, lien]

DÉFINITION

Les **graphiques bivariés** donnent une représentation visuelle du **lien** entre deux variables, soit en **juxtaposant** les graphiques présentés dans les cours 11 et 12, soit en représentant la **corrélation**, c'est-à-dire le lien entre deux variables quantitatives.

1 Une des variables est qualitative : juxtaposer des graphiques univariés

- Le cas le plus simple consiste à mettre côte à côte deux graphiques univariés, tels que ceux présentés dans les **cours 11 et 12**.
- Ce type de représentation est possible quand la seconde variable est **qualitative**.
- On peut alors **décrire** les différences de distribution entre les groupes représentés côte à côte.

1.1 Diagrammes en bâtons juxtaposés

- Le **diagramme en bâtons juxtaposés** (ou **superposés**) ou **diagramme chevauché** représente les distributions d'une variable qualitative ou quantitative discrète selon une autre variable qualitative. Cette représentation graphique correspond soit aux profils en ligne, soit aux profils en colonnes du **cours 9**.

Application. Traits de personnalité et chronotype

Une étude récente a montré que les traits de personnalité composant la « triade noire », à savoir le narcissisme, la psychopathie et le machiavélisme, sont associés au chronotype, c'est-à-dire au fait d'être du matin ou plutôt du soir. Les variables sont qualitatives : chronotype (lève-tôt ou lève-tard), narcissisme (oui ou non), psychopathie (oui ou non), machiavélisme (oui ou non). Le diagramme en bâtons juxtaposés suivant montre les résultats du narcissisme selon le chronotype.

Diagramme en bâtons juxtaposés du narcissisme et du chronotype

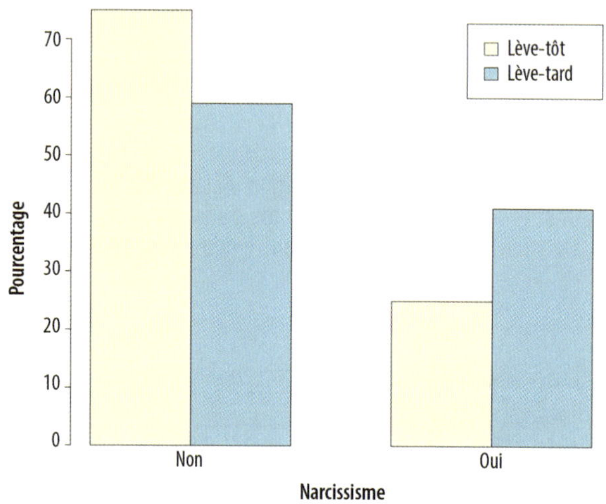

On peut voir que le pourcentage de narcissiques est plus élevé chez les lève-tard, tandis que le pourcentage de non-narcissiques est plus important chez les lève-tôt. En plaçant les deux diagrammes pour les lève-tôt et les lève-tard côte à côte, il est plus facile de les comparer. Remarque : comme la variable « narcissisme » est dichotomique (c'est-à-dire qu'elle est mesurée sur deux modalités : oui/non), le pourcentage de « non », que ce soit au sein des lève-tôt ou des lève-tard, se déduit directement du pourcentage de « oui » et donc, les deux barres de gauche (narcissisme = non) sont redondantes avec les deux barres de droite (narcissisme = oui). Ainsi, on peut également résumer l'information pour les trois variables de la triade noire, en utilisant uniquement le pourcentage de sujets répondant « oui » sur chacune de ces variables.

Attention

Les diagrammes en bâtons juxtaposés sont généralement représentés avec une bande rectangulaire plutôt qu'un bâton, ce qui permet de leur attribuer des couleurs différentes. Les bâtons ou bandes de la variable qui figurent sur l'axe des y sont séparés les uns des autres, par contre les bâtons ou bandes de la variable représentée en sus (celle qui figure en légende) sont collés, mais uniquement afin de faciliter la lecture.

Diagramme en bâtons juxtaposés de la triade noire et du chronotype

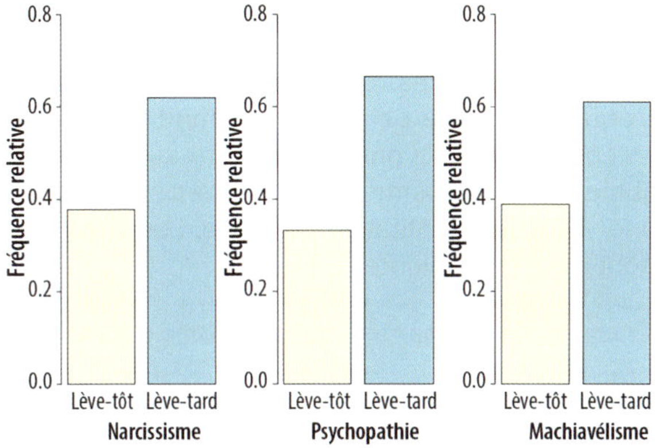

Les trois graphiques indiquent que les pourcentages de personnalité narcissique, psychopathique et machiavélique sont plus élevés pour les lève-tard que pour les lève-tôt. Et vous, êtes-vous lève-tôt ou lève-tard ?

3. Graphiques

Attention

Il s'agit ici de statistique descriptive, et on se gardera donc de conclure de manière définitive sur le lien entre les deux variables. La statistique inférentielle est nécessaire pour pouvoir conclure quant à l'existence du lien entre deux variables. Cette observation est valable pour l'ensemble de ce cours.

1.2 Densités empiriques juxtaposées

- Les **densités empiriques juxtaposées** représentent les distributions d'une variable **quantitative continue** selon les modalités d'une variable qualitative.
- Le même type de représentation peut être fait avec des **polygones de fréquences juxtaposées**.

Application. Traits de personnalité et chronotype avec densités empiriques

Une autre équipe de recherche veut reproduire les résultats de l'étude précédente, mais estime que de poser une seule question : « êtes-vous narcissique ? » mesurée par des réponses « oui/non » n'est pas suffisamment fiable. L'équipe propose de poser un grand nombre de questions portant sur des comportements narcissiques aux sujets et de calculer une moyenne globale de narcissisme. Ainsi, le narcissisme est maintenant mesuré par une variable quantitative continue. Les densités empiriques juxtaposées sont alors les suivantes :

Densités empiriques juxtaposées du narcissisme et du chronotype

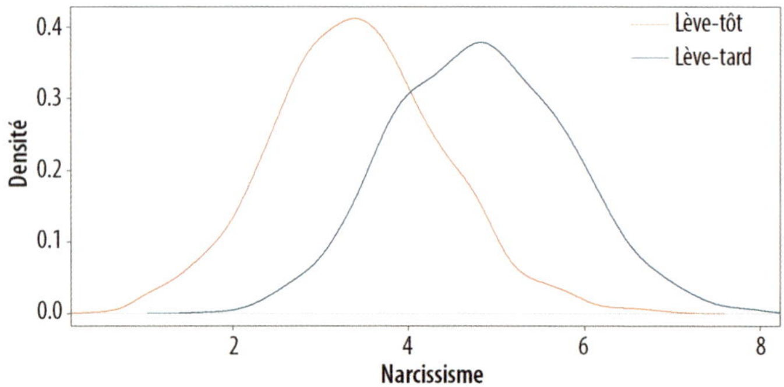

On peut voir que les lève-tard ont une distribution décalée vers la droite en comparaison avec les lève-tôt. Cela signifie qu'ils ont en général un score de narcissisme plus élevé. Les dispersions sont semblables dans les deux groupes, et les deux distributions semblent assez proches de la normalité.

1.3 Graphiques boîte à moustaches juxtaposés

- De la même manière, le **graphique boîte à moustaches** peut être utilisé pour comparer les distributions d'une variable **quantitative continue** (ou discrète) selon les modalités d'une variable qualitative.

Application. Graphiques boîte à moustaches du chronotype selon le narcissisme

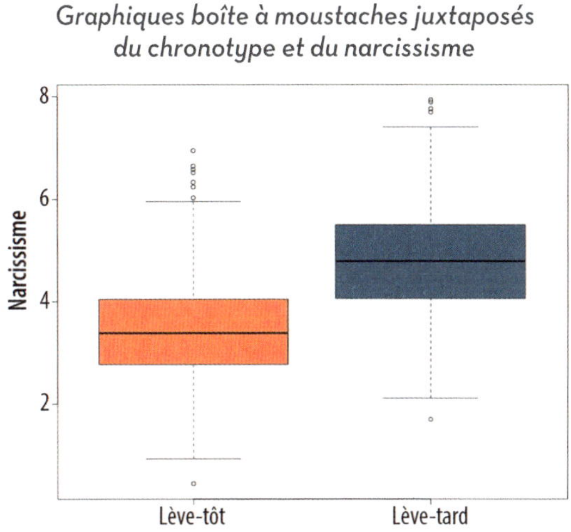

Ce graphique permet de nouveau de voir que les lève-tard ont des scores plus élevés de narcissisme (la distribution est décalée vers le haut). On peut également voir que les distributions sont assez symétriques et ont une dispersion semblable pour les deux groupes.

2 Les deux variables sont quantitatives : le diagramme de dispersion

2.1 Dessiner un diagramme de dispersion

- Lorsque les deux variables sont quantitatives continues, on les représente sur un **diagramme de dispersion**.
- Le diagramme de dispersion se représente dans un **plan à deux dimensions**.
- L'**axe des x** représente une des deux variables. Sur cet axe, on liste les valeurs de la variable comprises dans son étendue (de son minimum à son maximum, en respectant les intervalles, voir **cours 16**). On **nomme** l'axe par le nom de la variable.
- L'**axe des y** représente l'autre variable. On procède de même en listant les valeurs de la variable comprises dans l'étendue. On **nomme** également l'axe avec le nom de la variable.

- On place ensuite chaque sujet en le représentant par un point, en fonction de ses **coordonnées** sur chacune des deux variables.
- On obtient ainsi un **nuage de points** qui illustre graphiquement la relation entre les deux variables.

Application. Lien entre narcissisme et psychopathie

On s'intéresse à présent au lien entre les échelles de narcissisme et de psychopathie, toutes deux mesurées de manière quantitative. Le diagramme de dispersion est le suivant :

Diagramme de dispersion du narcissisme et de la psychopathie

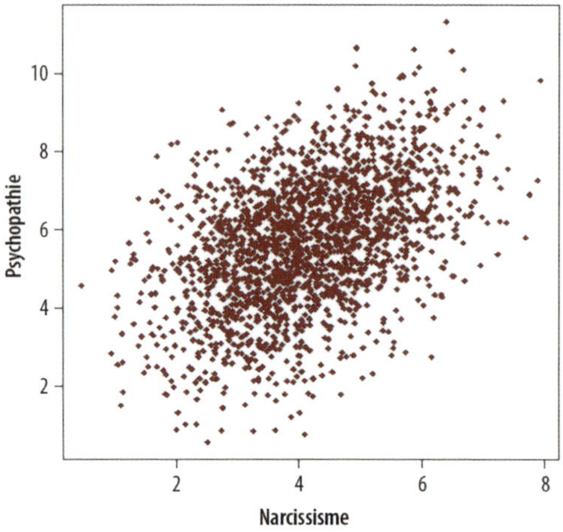

L'échantillon est de grande taille, puisqu'il comporte 2000 sujets. Il y a donc 2000 points sur le graphique (si, si, vous pouvez compter).

Attention

Il n'est pas nécessaire de commencer les axes à zéro : les bornes du graphique sont le minimum et le maximum de chaque variable. En revanche, il faut faire figurer toutes les valeurs dans l'intervalle de variation, entre le minimum et le maximum, afin de ne pas fausser la lecture du graphique.

Pour faire figurer les ex-æquo, on peut représenter le second point juste à côté du premier ou alors faire un point plus gros.

2.2 Interpréter un diagramme de dispersion

- Le nuage de points permet de déterminer le type du lien, par exemple linéaire ou quadratique.

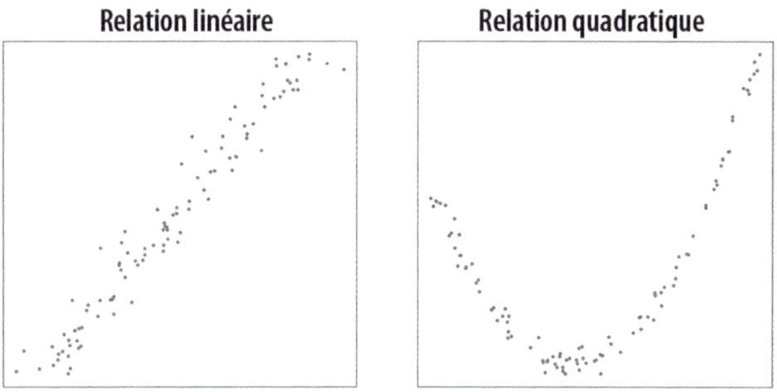

- Lorsque le lien est linéaire, on peut définir le **sens du lien** entre les variables :
  - Si le nuage est **ascendant**, il s'agit d'un lien linéaire positif : plus on augmente sur une variable, plus on augmente sur l'autre.

Exemple de lien positif entre deux variables quantitatives

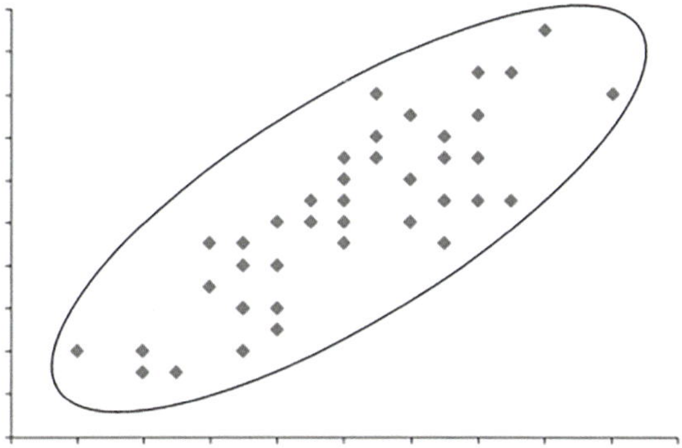

  - Si le nuage est **descendant**, il s'agit d'un lien linéaire négatif : quand les scores sur une variable augmentent, ceux de l'autre variable diminuent.

3. Graphiques

Exemple de lien négatif entre deux variables quantitatives

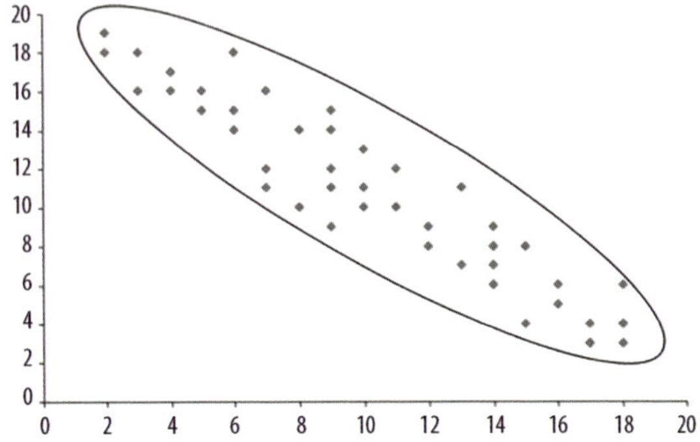

- Lorsque le lien est linéaire, on peut également définir la **force du lien**, indiquée par la largeur de **l'ellipse** qu'on peut tracer autour du nuage de points : plus elle est étroite, plus le lien est fort. Le cas d'un lien parfait est celui où tous les points s'alignent sur une droite.
- Si le nuage ne présente aucune direction claire (il est de forme **ronde**), alors il n'y a pas de lien entre les variables.

Exemple d'absence de lien entre deux variables quantitatives

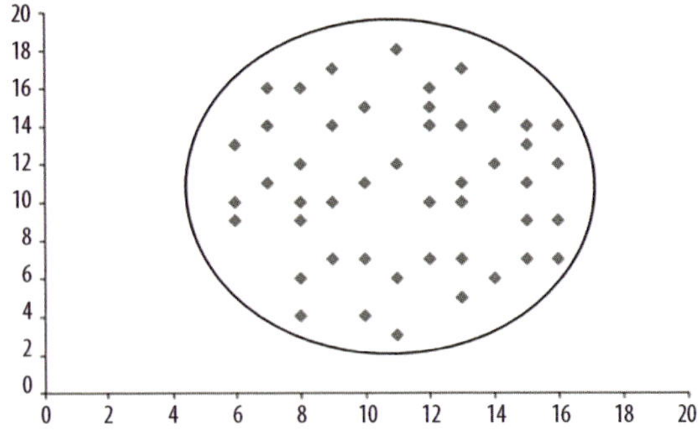

- Pour parler du lien entre deux variables quantitatives, on parle de **corrélation**.
- La corrélation la plus utilisée est la **corrélation linéaire (corrélation de Pearson)**.

Application. Lien entre narcissisme et psychopathie

Dans l'exemple précédent, le lien entre narcissisme et psychopathie est positif: plus les sujets ont des scores élevés de narcissisme, plus ils ont des scores élevés de psychopathie. Ce lien semble modéré, dans la mesure où l'ellipse qu'on pourrait tracer autour des points est large.

Application dans R. Les fonctions R utiles pour ce cours sont les mêmes que pour les **cours 11 et 12**.

13 EXERCICES

Exercice 1

1) Télécharger le fichier nommé « narcissisme.RData ». Dans ce fichier se trouvent deux bases de données : Triade.Noire.1 et Triade.Noire.2. Triade.Noire.1 contient les données de la première expérience, c'est-à-dire avec le narcissisme, la psychopathie et le machiavélisme mesurés par une seule question de type oui/non. Triade.Noire.2 contient les données de la seconde expérience, c'est-à-dire avec le narcissisme, la psychopathie et le machiavélisme mesurés par un score continu.
2) En utilisant R et si besoin l'aide de R, faire les graphiques boîtes à moustaches juxtaposés pour le narcissisme en fonction du chronotype.
3) Faire dans une seule fenêtre les trois graphiques boîtes à moustaches pour le narcissisme, la psychopathie et le machiavélisme en fonction du chronotype.

Exercice 2

1) Faire tous les diagrammes de dispersion possibles de la base de données Triade.Noire.1.
2) Faire tous les diagrammes de dispersion possibles de la base de données Triade.Noire.2.

Exercice 3

Pour chacune des questions suivantes, quel serait le graphique le plus adapté ?

1) Une équipe s'intéresse à la corrélation entre le nombre d'articles scientifiques lus et le score de QI.
2) Un membre de l'équipe tombe sur un article qui décrit que le QI est positivement associé à la recherche de sensations, le trait psychologique décrit dans le **cours 12**. L'équipe demande alors aux scientifiques de l'université s'ils pratiquent le parachutisme en wingsuit (oui/non) et elle cherche à savoir s'il y a des valeurs extrêmes dans la distribution du QI selon la pratique du parachutisme.
3) Au grand étonnement de l'équipe, un grand nombre de scientifiques pratiquent le vol en wingsuit. L'équipe leur demande donc également le nombre d'accidents lors des 12 derniers mois et souhaitent représenter le lien entre nombre d'accidents et pratique du parachutisme.

13 CORRIGÉS

Exercice 1

1)
```
load("narcissisme.RData")
```
2)
```
boxplot(Narcissisme~Chronotype,
data=Triade.Noire.2, col=c
("coral","deepskyblue4"),
ylab="Narcissisme")
```
3)
```
par(mfrow=c(1,3))
boxplot(Narcissisme~Chronotype,
data=Triade.Noire.2,
col=c("coral","deepskyblue4"),
ylab="Narcissisme")
boxplot(Psychopathie~Chronotype,
data=Triade.Noire.2,
col=c("coral","deepskyblue4"),
ylab="Psychopathie")
boxplot(Machiavelisme~Chronotype,
data=Triade.Noire.2,
col=c("coral","deepskyblue4"),
ylab="Machiavelisme")
```

Exercice 2

1) Comme toutes les variables sont qualitatives, on ne peut faire aucun diagramme de dispersion.
2)
```
attach(Triade.Noire.2)
plot(Narcissisme, Psychopathie)
plot(Narcissisme, Machiavelisme)
plot(Psychopathie, Machiavelisme)
```
ou
```
plot(Triade.Noire.2[,c
("Narcissisme","Psychopathie",
"Machiavelisme")])
```

Exercice 3

1) On fera un diagramme de dispersion car il s'agit de deux variables quantitatives continues. La mention de « corrélation » dans l'énoncé a dû vous mettre la puce à l'oreille. Le nombre d'articles scientifiques est *a priori* une variable discrète (on peut avoir lu 1 ou 2 articles, mais difficilement 1,5, encore que ce soit possible si on le lit à moitié), mais ayant de nombreuses valeurs (on espère !), on peut la représenter graphiquement comme une variable quantitative continue.
2) Il s'agit cette fois du lien entre une variable qualitative (pratiquer le vol en wingsuit : oui/non) et d'une variable quantitative continue (le QI). Comme l'équipe s'intéresse plutôt aux valeurs extrêmes, on utilisera des graphiques boîtes à moustaches juxtaposés.
3) Il s'agit d'une variable qualitative (pratiquent le vol en wingsuit : oui/non) et d'une variable quantitative discrète (nombre d'accidents durant les 12 derniers mois) dont on espère qu'elle a peu de modalités. Un diagramme en bâtons juxtaposés serait donc tout à fait adapté.

COURS

14 Quel graphique choisir ?

[MOTS-CLÉS : biais, distribution, graphique]

DÉFINITION

Le choix d'un graphique dépend du type et du nombre de variables à analyser. Il dépend aussi des objectifs du/de la scientifique et doit se prémunir contre un certain nombre de biais (démarche qui engendre des erreurs) liés aux illusions perceptives.

1 Récapitulatif : comment choisir le bon graphique

- Les **cours 11 à 13** présentent plus de 10 types de graphiques différents. L'apprenti scientifique peut donc se trouver assez démuni au moment de choisir un graphique pour représenter ses données. Le choix du graphique dépend de plusieurs critères :
- Le type de variables à représenter : qualitatives et quantitatives discrètes ou bien quantitatives continues.
- Le nombre de variables à représenter : une ou deux dans notre cas, soit le cas univarié ou le cas bivarié.
- Le schéma suivant récapitule comment choisir le graphique adéquat selon ces deux critères.

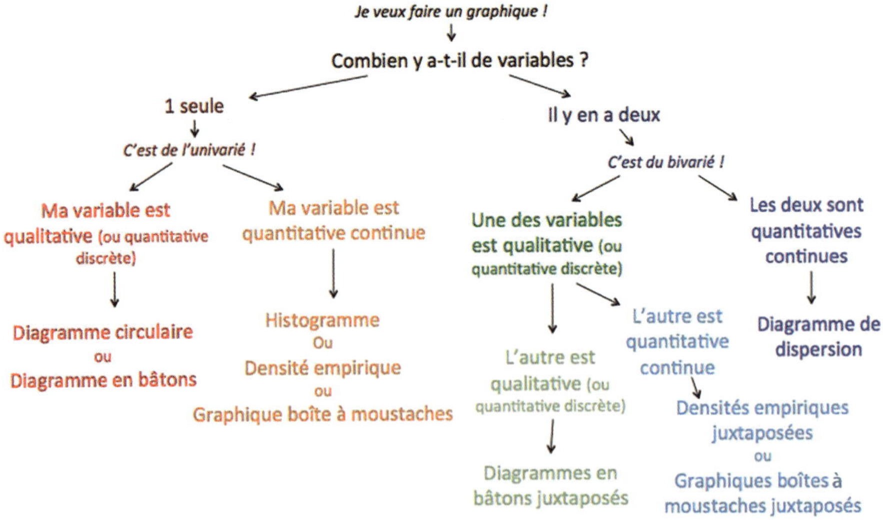

- On peut remarquer que la **fonction de répartition empirique** est absente de ce schéma. Elle pourrait figurer dans la sous-section orange, pour représenter une variable quantitative continue. Toutefois, si la fonction de répartition est extrêmement importante en statistiques, elle n'est pas forcément le graphique qui permet de visualiser le plus facilement la distribution d'une variable dans une visée descriptive.
- Comme mentionné dans le **cours 11**, le **diagramme circulaire** n'est pas très utilisé dans le milieu scientifique. En cas de représentation d'une variable qualitative ou quantitative discrète, on préfèrera plutôt le diagramme en bâtons.
- Pour le reste, quand il y a plusieurs options, le choix d'un graphique revient au/à la scientifique, selon ses **objectifs** et les **particularités** de la distribution. Ainsi, mettre en évidence des valeurs extrêmes se fera plutôt avec un graphique boîte à moustaches, montrer la normalité d'une distribution avec un histogramme ou une densité empirique.

3. Graphiques

2 Les erreurs à éviter

- L'œil est sujet à de nombreuses **illusions perceptives** qui peuvent entraver la lecture et la compréhension des graphiques. Pour que les lecteurs comprennent correctement les graphiques, il faut veiller à ne pas les induire en erreur lors de la conception des graphiques.
- **Tronquer l'axe des y** est une erreur fréquente et qui perturbe la perception de la longueur des barres pour un diagramme en bâtons par exemple.

Application. Les filles sont nulles en maths !

Les graphiques suivants présentent le nombre de garçons et de filles ayant réussi un test de mathématiques.

Réussite en mathématiques selon le sexe

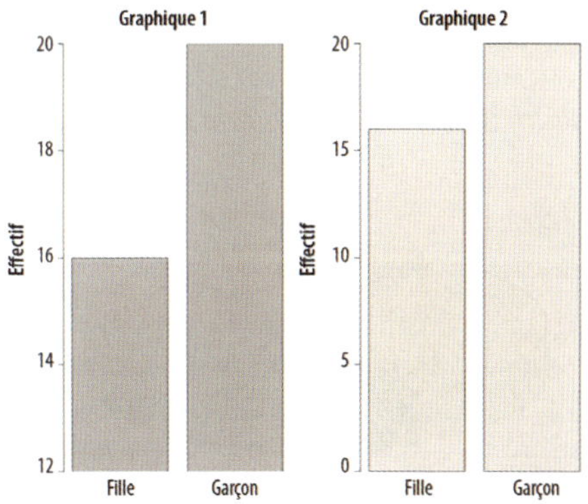

Bien que ça n'ait pas l'air, les deux graphiques présentent les mêmes données ! La lecture du graphique 1 laisse penser que les filles réussissent nettement moins bien que les garçons. Leur barre rectangulaire est moitié plus courte que celle des garçons. Toutefois, l'axe des y commence à 12 et non à zéro. Si on commence l'axe à zéro, comme sur le graphique 2, on se rend compte que la différence garçons/filles n'est pas très importante.

Attention

Sur le prochain graphique que vous lirez, faites bien attention à l'axe des y. Ce type d'erreur est extrêmement courant, en particulier dans la presse. Il est très facile de donner l'impression d'une différence drastique entre groupes ou bien d'une évolution forte en tronquant l'axe des y.

- Une autre erreur classique consiste à utiliser la **représentation 3D** dans les graphiques.
- Le cas le plus courant concerne le **diagramme circulaire**, dont la lecture se trouve faussée selon la section qui se trouve devant, et est donc celle qui est la plus grande de par la représentation 3D.

Application. Que pensent les scientifiques des diagrammes circulaires 3D ?

Les deux graphiques suivants montrent les mêmes données concernant l'avis de scientifiques sur l'utilisation des diagrammes circulaires 3D. Les données sont les suivantes :

Tableau de fréquences de l'opinion sur les diagrammes circulaires 3D

Satisfaction au travail	Effectif	Fréquence relative
Je les adore	12	0,33
Je m'en fiche	12	0,33
Je ne les aime pas	8	0,22
Je les déteste	4	0,11
Total	36	≈ 1

Diagramme circulaire 3D de l'opinion sur les diagrammes circulaires 3D, graphique 1

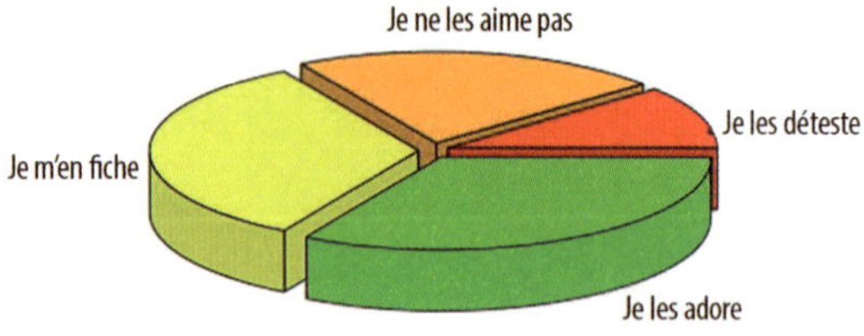

À la lecture de ce graphique, il semble que les scientifiques interrogés aient plutôt tendance à apprécier les diagrammes circulaires 3D : la section « je les adore », placée devant, a l'air plus grande. Elle semble notamment plus grande que les scientifiques qui « s'en fichent », alors que leur effectif est le même.

Diagramme circulaire 3D de l'opinion sur les diagrammes circulaires 3D, graphique 2

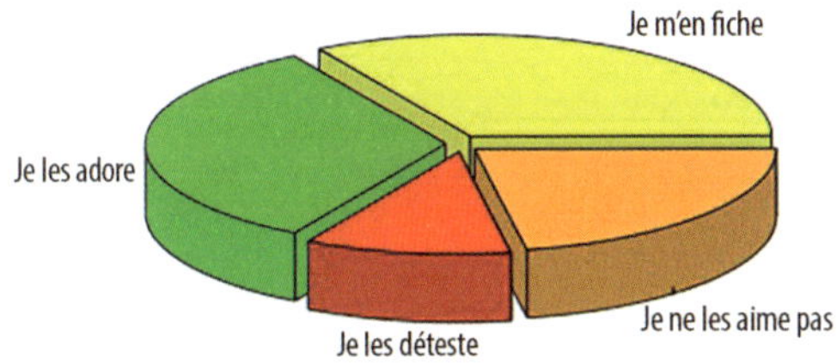

Dans ce second graphique, on a juste fait tourner le diagramme, et on a désormais l'impression que la majorité des scientifiques « s'en fichent »... Ceux qui détestent sont placés devant et ont l'air plus nombreux que dans le graphique 1.
Il suffit donc de jouer sur l'orientation du graphique pour lui faire dire ce qu'on a envie de dire... ce qui est évidemment une très mauvaise chose, car les statistiques doivent être présentées de manière impartiale et refléter correctement la réalité.

La représentation correcte de ces données est la suivante :

Diagramme circulaire de l'opinion sur les diagrammes circulaires 3D

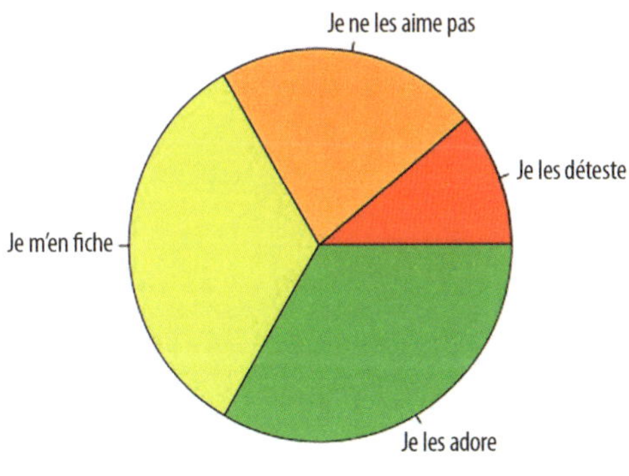

Une majorité de scientifiques n'aiment pas les diagrammes circulaires 3D, et on les comprend !

Attention
Les illusions perceptives dues à la 3D peuvent également affecter d'autres formes de graphiques (par exemple des diagrammes en bâtons). La 2D est à privilégier pour tous les graphiques.

- Enfin, on ne saura que conseiller aux futur-e-s scientifiques de rester **simples** et **classiques** dans leurs choix de graphiques et dans le choix des couleurs.

Application. L'oie comme animal de compagnie

De plus en plus de gens ont une oie comme animal de compagnie (données fictives).

Diagramme en oies de la possession d'oies par des particuliers

À coup sûr, un diagramme en bâtons permettra de représenter cette information essentielle de manière plus fiable. Cela évitera de jouer sur les volumes en même temps que sur les hauteurs et donc de perturber la lecture par une représentation inhabituelle et inadaptée, sans parler bien sûr de l'absence d'information sur l'axe des y qui donne l'impression que dans les années 2000, les oies constituent un animal de compagnie très fréquent. À ce propos, comment s'appelle la vôtre ?

Diagramme en bâtons de la possession d'oies par des particuliers

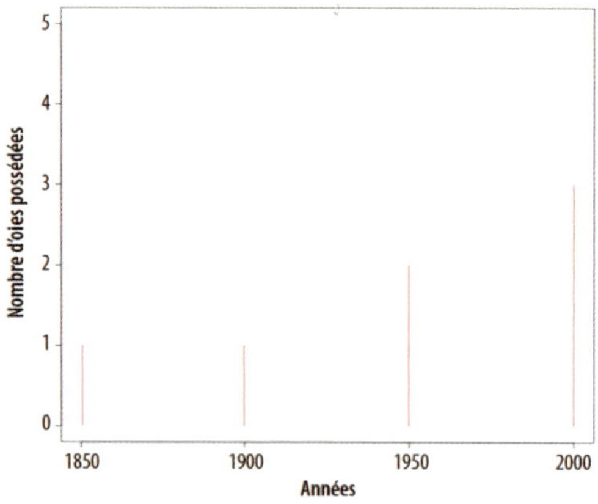

Ce graphique beaucoup plus simple permet de cerner l'information très facilement. Le nombre d'oies possédées comme animal de compagnie a triplé entre 1900 et 2000 : il est passé de 1 à 3 ! Encore du chemin à faire pour ceux qui veulent promouvoir l'oie comme animal de compagnie.

Application. Graphique en pyramide

Il est judicieux de choisir des couleurs évidentes et facilement interprétables (comme un dégradé du rouge au vert pour figurer des modalités allant du désaccord à l'accord) ou assez neutres. Par exemple, nous ne vous conseillons pas les couleurs ci-dessous si vous voulez attirer l'attention de vos lecteurs sur le contenu du diagramme. À votre avis, ça parle de quoi ? Des pyramides d'Égypte ?

Diagramme circulaire des préférences sexuelles

- Une autre erreur commune consiste à suggérer qu'une variable qualitative ou quantitative discrète est **continue**. Il peut arriver qu'un diagramme en bâtons ne soit représenté que par un point à son sommet (c'est-à-dire sans le bâton). Cette représentation reste correcte, même si elle diminue la lisibilité du graphique. Ce qu'il ne faut pas faire, par contre, c'est **relier** ces points.

3. Graphiques

Application. Représentation de la population mondiale en 2016

Les deux premiers graphiques sont corrects, alors que le troisième suggère qu'il « existe quelque chose » entre les régions.

Diagramme en bâtons de la répartition de la population mondiale par région, graphique 1

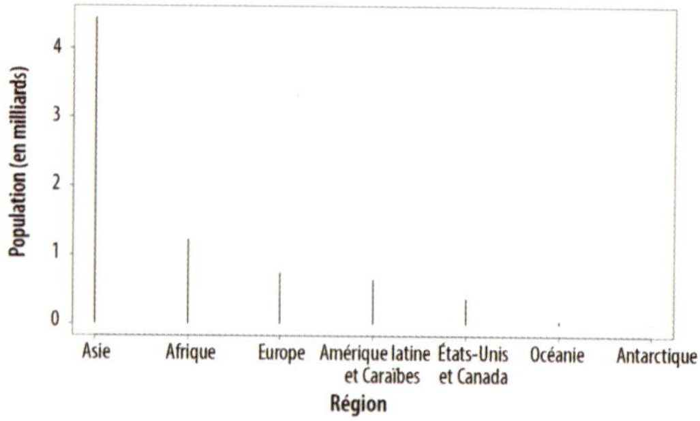

Diagramme en bâtons de la répartition de la population mondiale par région, graphique 2

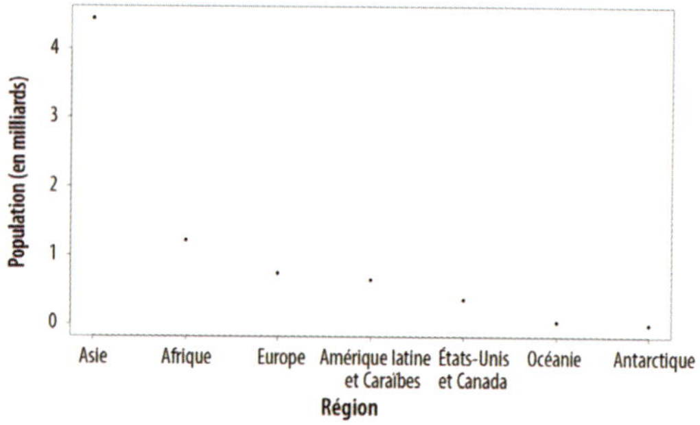

Diagramme en bâtons de la répartition de la population mondiale par région, graphique 3

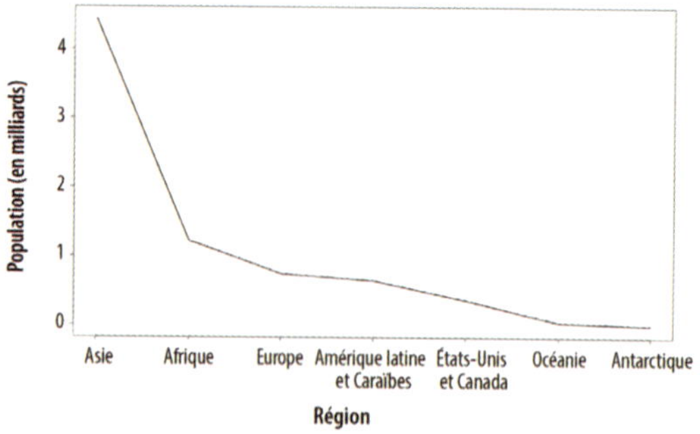

- La dernière erreur que nous avons choisie de présenter (car il en existe encore d'autres) est ce que l'on appelle l'**interprétation abusive**.
- L'interprétation abusive consiste à **extrapoler** des conclusions au-delà des limites des données à disposition, comme par exemple, tirer des conclusions pour 2018 lorsque les données s'arrêtent en 2014.
- Si cela est en effet possible à l'aide d'outils statistiques appropriés (domaine des **prédictions**), cela n'est pas possible et donc à prohiber sur la base d'un « simple » graphique.

Application. La navette spatiale Challenger

Le 28 janvier 1986, la navette spatiale Challenger a explosé et sept astronautes sont morts parce que 2 joints toriques en caoutchouc ont laissé passer des fuites. À basse température, les joints deviennent plus fragiles et donc moins performants. Avant le lancement de cette navette spatiale, voici les données que la NASA avait en sa possession (basées sur les 23 missions précédentes) :

Diagramme de dispersion de la température extérieure et de la probabilité de détérioration des joints

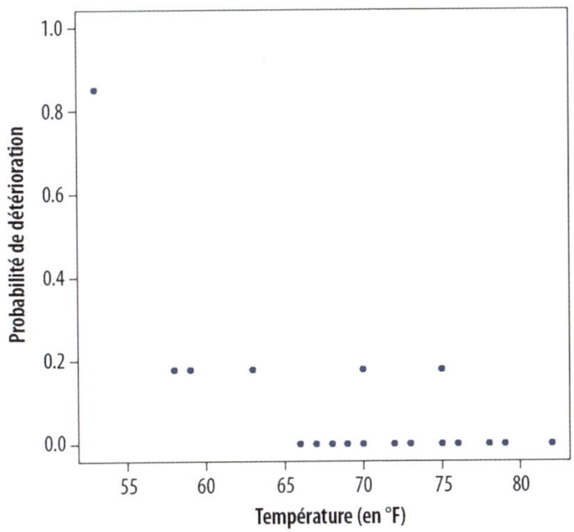

Le 28 janvier 1986, la température au moment du décollage était de 31° F (–0,55 °C). Aucune donnée récoltée préalablement ne permettait de connaître la probabilité de détérioration lorsque la température est de 31° F. Comme on est toujours plus intelligent après coup, on aurait pu s'en douter à cause de l'observation faite à 53° F, qui donne une probabilité de détérioration de 85 %, mais au vu de l'ensemble de ces observations, elle peut être également perçue comme une valeur extrême (un cas où les joints étaient défectueux par exemple). La seule conclusion que l'on peut tirer de ce dramatique exemple est qu'il ne faut jamais extrapoler au-delà des limites du graphique.

3 Les informations qui doivent figurer

- Le graphique doit comporter un **titre**, simple, clair et explicite, sur le contenu du graphique : le type de graphique et le nom de la variable ou des variables pour le cas bivarié.
- Les **axes** doivent être correctement **nommés** avec le nom des variables (sur l'axe des x et éventuellement l'axe des y pour un diagramme de dispersion) et le type de valeurs représentées (effectifs, fréquences relatives, pourcentages).
- Dans le cas de graphiques bivariés, une **légende** doit être ajoutée afin de savoir à quoi correspond chacune des distributions présentées. Évidemment, les distributions doivent pouvoir être distinguées, soit par une couleur, soit par un autre moyen (utiliser des tirets et une ligne pleine pour différencier deux densités empiriques, des hachures et des points pour deux diagrammes en bâtons).
- Qui plus est, le graphique doit être **autosuffisant**, c'est-à-dire qu'il doit comporter toutes les informations nécessaires à sa compréhension :
  - Sa **source** : d'où viennent les données et sur qui portent-elles ?
  - La **mesure des variables** : comment sont-elles mesurées et éventuellement recodées (voir **cours 10**) ?
  - Et toute information pertinente par rapport au sujet du graphique et de l'étude.

14 EXERCICES

Exercice 1

Un président (fictif) d'un pays qui n'existe pas (vraiment) se félicite sur la base du graphique suivant d'avoir réussi à faire baisser le chômage de manière spectaculaire. Qu'en pensez-vous ?

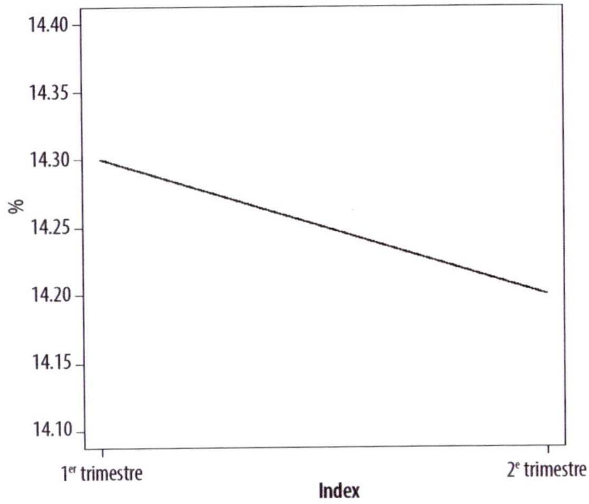

Exercice 2

Une équipe de scientifiques mesure la tension artérielle d'individus qui doivent prendre la parole en public selon leur niveau d'introversion ou d'extraversion (variable « extraversion »). Ils obtiennent les trois graphiques suivants. À quelle question permet de répondre chacun des graphiques ?

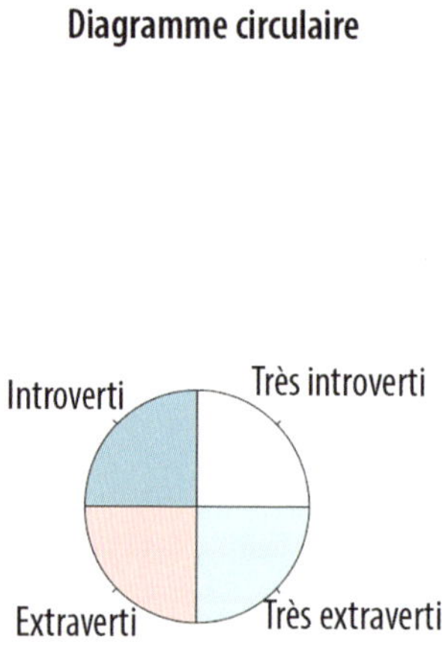

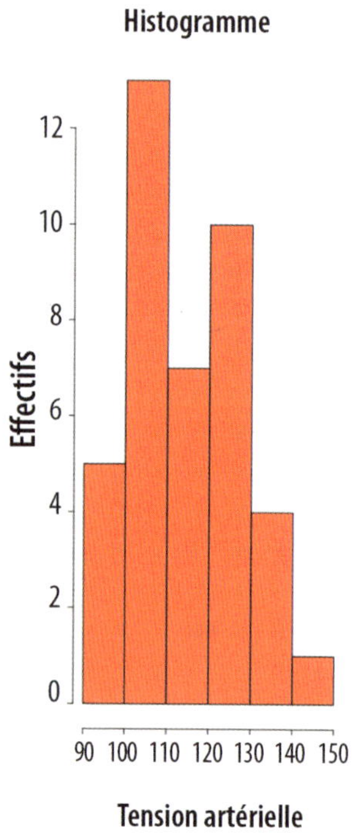

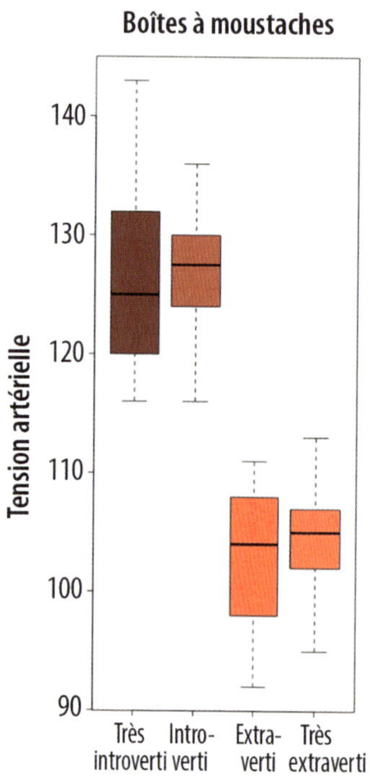

14 CORRIGÉS

Exercice 1

Sur ce graphique, la pente (inclinaison de la droite qui relie les deux points) est assez élevée et pourrait donc suggérer une grande diminution du chômage, comme l'a conclu le président. L'erreur de ce graphique est de ne pas faire commencer l'axe y à zéro. Voici ce que le graphique correct donne :

Évolution du chômage cette année

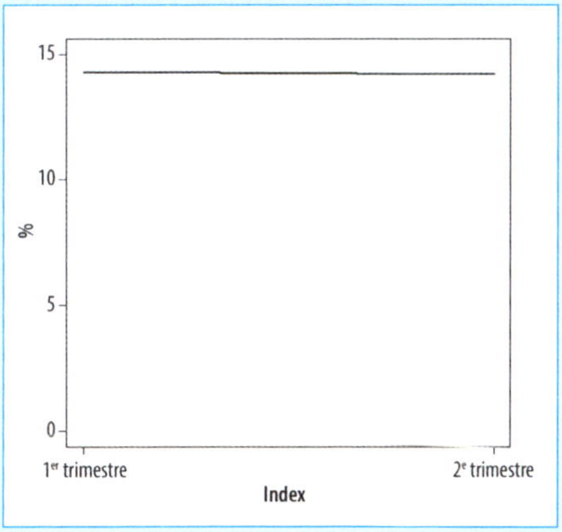

Cette fois-ci, on voit que la pente est plutôt plate et que si le chômage a en effet baissé, ce n'est que de très peu. Étonnamment, le logiciel R ne met pas par défaut l'axe Y à zéro, c'est pourquoi il faut toujours utiliser la commande `ylim=c(0,...)` afin de ne pas soi-même se faire attraper...

Attention

Strictement parlant, la représentation utilisée dans ce graphique est fausse puisque « premier trimestre » et « second trimestre » sont les modalités d'une variable quantitative discrète. Mais, comme c'est en fait une variable quantitative continue (le pourcentage de chômage jour par jour) qui a été discrétisée (voir **cours 10**), alors on peut considérer que c'est « correct » et que la pente représente la moyenne des variations jour après jour.

Exercice 2

Le premier graphique indique la répartition des quatre modalités de la variable « extraversion ». On peut voir que 25 % des sujets figurent dans chacune des modalités (un quart du diagramme circulaire). Il est probable que les scientifiques aient sélectionné eux-mêmes les sujets pour avoir un nombre équivalent dans chaque groupe, car les chances d'avoir exactement la même proportion de chaque modalité est très faible. Ce graphique ne permet donc de répondre à aucune question.

Le second graphique indique la distribution de la variable « tension artérielle », quel que soit le groupe. Il indique l'allure générale de la distribution, assez proche de la normalité. Selon la méthodologie de recrutement (est-ce un échantillon représentatif de la population générale, des conférenciers internationaux, de toute personne étant appelée à prendre la parole en public, etc.) ce graphique peut répondre à la question de la distribution de la tension artérielle dans cette population.

Enfin, le dernier graphique est celui qui nous intéresse le plus : il permet de voir si les deux variables sont liées. Effectivement, on remarque que la tension artérielle est plus élevée chez les sujets introvertis (introvertis et très introvertis) que chez les sujets extravertis (extravertis et très extravertis).

Autrement dit, les deux premiers graphiques montrent les distributions univariées et le troisième le lien entre les deux variables (bivarié). C'est la procédure classique pour décrire les variables : on les regarde séparément, puis ensemble.

Partie 4

Indices numériques

COURS 15 Indices de tendance centrale

[MOTS-CLÉS : médiane, mode, moyenne]

DÉFINITION

Les **indices de tendance centrale** permettent de résumer la distribution d'une variable de manière numérique, en remplaçant l'ensemble des données par une unique valeur les caractérisant le mieux. Le choix de l'indice dépend de l'échelle de mesure de la variable et des particularités de la distribution.

1 Le mode

- Le **mode** correspond à la **modalité la plus fréquente** de la distribution, c'est-à-dire la réponse la plus souvent donnée par les sujets.
- Cet indice peut être calculé sur **tous les types de variables** (qualitative et quantitative). Le mode est le seul indice qui peut être calculé sur les variables **qualitatives nominales**. Toutefois, le mode n'est pas pertinent pour les variables quantitatives continues, puisque chaque valeur comporte un nombre très restreint de sujets.
- La distribution est dite **unimodale** s'il y a un seul mode. Il existe également des distributions **bimodales** (deux modes), **trimodales** (trois modes), **multimodales** (quatre modes ou plus) ou encore **amodales** (pas de mode).

4. Indices numériques

Application. Enquête sur les loisirs des couples sans enfant

Un chercheur obtient les réponses suivantes lors d'une enquête sur les couples sans enfant, répartis en trois groupes :

Tableau de fréquences des loisirs des couples sans enfant

Loisir	Groupe 1	Groupe 2	Groupe 3
Cinéma	**25**	**14**	11
Théâtre	9	**14**	11
Sport	24	**14**	11
Musées	14	3	11
Total	72	45	44

Le mode de la distribution du groupe 1 est le cinéma : il s'agit de la réponse la plus souvent choisie par les sujets. On peut compléter en commentant à l'aide du pourcentage correspondant : 34,7 % des couples sans enfant de ce groupe préfèrent le cinéma. La distribution de la variable « loisir » est unimodale. La distribution du groupe 2 est trimodale : il y a trois modes qui sont le cinéma, le théâtre et le sport. Enfin, la distribution est amodale dans le groupe 3 : les quatre modalités sont autant choisies les unes que les autres.

Attention
Dans le groupe 3, on parle de distribution **uniforme** car les sujets sont répartis de manière identique dans les modalités de la variable.

Attention
Le mode, comme tous les indices de tendance centrale, permet de décrire une variable en la résumant et aide ainsi à faire un commentaire qui s'adresse aux personnes ne connaissant pas les statistiques, par exemple : « tel pourcentage de sujets ont... », « la note la plus fréquente est... », etc.

2 La médiane

- La **médiane** est la modalité qui sépare l'ensemble des observations en **deux parts égales**. Autrement dit, elle coupe la distribution à sa moitié : 50 % des sujets se trouvent en dessous de cette valeur et 50 % des sujets se trouvent au-dessus de cette valeur.
- Elle peut être calculée sur des échelles **qualitatives ordinales** et **quantitatives**.
- La médiane s'exprime dans **l'unité de mesure de la distribution** (par exemple, si la distribution concerne des poids, la médiane correspondra à un poids spécifique, mais pas nécessairement observé dans la distribution).
- Pour calculer la médiane, on procède comme suit :
  – On range les observations par ordre **croissant** :

$$x_{[1]} \leq x_{[2]} \leq x_{[3]} \leq \ldots \leq x_{[n]}$$

La notation est expliquée dans le tableau ci-dessous. x_1 correspond au premier sujet de la base de données (dont le numéro est « 1 » mais ne dépend pas de son score), et $x_{[1]}$ correspond au sujet qui est classé premier (en l'occurrence celui qui a le plus petit score).

Exemple avec 4 observations :
numéro des sujets et ordre des sujets

Identifiant	Score	Notation (numéro)
1	5	x_1
2	3	x_2
3	7	x_3
4	2	x_4

Identifiant	Score	Notation (ordre)
4	2	$x_{[1]}$
2	3	$x_{[2]}$
1	5	$x_{[3]}$
3	7	$x_{[4]}$

– On calcule le **rang médian**, c'est-à-dire qu'on identifie le lieu qui coupe l'échantillon en deux, créant ainsi les deux groupes contenant 50 % des observations.
Si le nombre d'observations, noté n, est impair, on prend :

$$x_{\left[\frac{n+1}{2}\right]}$$

Si le nombre d'observations est pair, on prend la valeur moyenne des deux observations suivantes :

$$x_{\left[\frac{n}{2}\right]} \text{ et } x_{\left[\frac{n}{2}+1\right]}, \text{ c'est-à-dire : } \frac{x_{\left[\frac{n}{2}\right]}+x_{\left[\frac{n}{2}+1\right]}}{2}$$

– Enfin, on recherche dans les observations ordonnées la **modalité** correspondant à ce rang.

Application. Calcul d'une médiane, cas impair

Une population de chômeurs (n = 21) obtient les résultats suivants à un questionnaire d'estime de soi allant de 1 (estime de soi faible) à 10 (estime de soi élevée). Les résultats sont déjà classés par ordre croissant :
1, 2, 3, 3, 3, 4, 4, 4, 4, 5, 5, 6, 6, 6, 6, 6, 7, 7, 8, 8, 9
Cette distribution compte 21 observations. Le rang moyen sera donc :

$$x_{\left[\frac{21+1}{2}\right]} = x_{[11]} = 5$$

$x_{[11]}$ correspond à la 11e observation dans la distribution classée par ordre croissant (le rang 11), c'est-à-dire la valeur 5. La médiane vaut donc 5. On peut donc conclure que le score d'estime de soi, qui peut aller de 1 à 10, n'est pas très élevé. La moitié des sujets ont moins de 5 et l'autre moitié plus de 5.

- Les **effectifs cumulés** ou les **pourcentages cumulés** peuvent également être utilisés pour trouver rapidement le rang médian.

Application. Calcul d'une médiane, cas impair, pourcentages cumulés

Le tableau de fréquences de l'estime de soi incluant les effectifs et pourcentages cumulés est le suivant :

Tableau de fréquences de l'estime de soi, cas impair

Score	Effectif	Effectif cumulé	Pourcentage cumulé
1	1	1	4,8 %
2	1	2	9,5 %
3	3	5	23,8 %
4	4	9	42,9 %
5	**2**	**11**	**52,4 %**
6	5	16	76,2 %
7	2	18	85,7 %
8	2	20	95,2 %
9	1	21	100 %
10	0	21	100 %
Total	21	21	100 %

Les premiers 50 % de cette distribution se trouvent à la valeur 5.

Application. Calcul d'une médiane, cas pair

Reprenons des données semblables, mais cette fois dans le cas pair (n = 20) :

1, 2, 3, 3, 3, 4, 4, 4, 4, 5, 6, 6, 6, 6, 6, 7, 7, 8, 8, 9

Cette distribution compte 20 observations. Le rang moyen sera donc :

$$\frac{x_{\left[\frac{20}{2}\right]} + x_{\left[\frac{20}{2}+1\right]}}{2} = \frac{x_{[10]} + x_{[11]}}{2}$$

$x_{[10]}$ correspond à la 10e observation dans la distribution classée par ordre croissant (le rang 10), c'est-à-dire la valeur 5.

$x_{[11]}$ correspond à la 11e observation dans la distribution classée par ordre croissant (le rang 11), c'est-à-dire la valeur 6.

On a donc :

$$\frac{5+6}{2} = 5{,}5$$

La médiane vaut donc 5,5.

De nouveau, le tableau de fréquences accompagné du calcul des effectifs cumulés permet également de situer rapidement le rang médian :

Tableau de fréquences de l'estime de soi, cas pair

Score	Effectif	Effectif cumulé	Pourcentage cumulé
1	1	1	0,5 %
2	1	2	1 %
3	3	5	25 %
4	4	9	45 %
5	1	10	50 %
6	5	15	75 %
7	2	17	85 %
8	2	19	95 %
9	1	20	100 %
10	0	20	100 %
Total	20	20	100 %

Avec ce tableau, on voit facilement que $x_{[10]} = 5$, $x_{[11]} = 6$ ($x_{[11]}$ se trouve dans les 5 observations de la modalité 6) et que les 50 premiers % se trouvent à la modalité 5. Ainsi, la médiane se trouve « entre » 5 et 6, c'est-à-dire 5,5.

3 La moyenne

- La **moyenne** qu'on utilise le plus souvent est la **moyenne arithmétique**, qu'on appellera moyenne par raccourci. Il existe néanmoins d'autres moyennes (géométrique, harmonique) que nous n'utiliserons pas dans cet ouvrage et qui sont rarement employées dans les statistiques en psychologie.
- La moyenne n'est calculée que sur des variables **quantitatives**.
- Elle s'exprime dans **l'unité de mesure de la variable**.

- Vous êtes probablement très familier avec le calcul de la moyenne (ne la calculiez-vous pas tout au long de l'année pour savoir si vous alliez passer ?). Nous présentons malgré tout ce calcul afin d'introduire également des notations utiles comme le symbole de la **somme** Σ.
- Pour calculer la moyenne, on procède comme suit :
  – On **somme** toutes les observations recueillies :

$$\sum_{i=1}^{n} x_i$$

  La notation signifie qu'on fait la somme de i = 1 jusqu'à n, c'est-à-dire de tous les sujets, notés i, du 1er au ne (le dernier), pour l'ensemble des x_i, c'est-à-dire pour chaque valeur de la variable observée dans l'échantillon.

  – On **divise** cette somme par le nombre total d'observations dans l'échantillon (n) :

$$\bar{x} = \frac{1}{n}\sum_{i=1}^{n} x_i$$

  $\bar{x}$ est la notation pour la moyenne (prononcer x barre).

Application. Calcul d'une moyenne sur les données brutes

Un élève obtient ces notes (sur 20) :

Matière	Note
Français	10
Philosophie	11
Mathématiques	8
Histoire	13
Géographie	11
Anglais	11

Pour calculer la moyenne, on procède en deux temps :

- Faire la somme de toutes les observations recueillies, soit :
  10 + 11 + 8 + 13 + 11 + 11 = 64
- Diviser le résultat par le nombre total d'observations, soit $\frac{64}{6} = 10{,}67$

La moyenne de cet élève est donc 10,67. Cet élève est donc, comme l'un des auteurs de ce livre, minimaliste.

- Comme c'était le cas pour la médiane, on peut aussi utiliser le **tableau de fréquences** pour calculer la moyenne. Cela est particulièrement approprié pour les échantillons de grande taille et les variables ayant un nombre restreint de valeurs (en revanche, ça ne fera pas gagner de temps pour les variables quantitatives continues).
- Dans ce cas, on procède comme suit :
  - On dresse le **tableau de fréquences** de la variable ;
  - On **multiplie** chaque modalité par son **effectif** ;
  - On **somme** les **produits** obtenus ;
  - On **divise** par le **nombre d'observations** dans l'échantillon.
  - La formule est alors la suivante (avec k modalités) :

$$\bar{x} = \frac{1}{n}\sum_{j=1}^{k} x_j n_j$$

Où x_j correspond à une modalité, n_j à l'effectif pour cette modalité.

Application. Calcul d'une moyenne sur un tableau de fréquences

Reprenons la distribution relative au questionnaire d'estime de soi des chômeurs :

Tableau de fréquences de l'estime de soi des chômeurs

Score (x_i)	Effectif (n_i)
1	1
2	1
3	3
4	6
5	1
6	3
7	2
8	2
9	1
10	0
Total	20

On peut calculer la moyenne comme décrit précédemment sur les données brutes : $\bar{x} = \frac{1+2+3+3+3+4+4+4+4+4+4+5+6+6+6+7+7+8+8+9}{20} = 5{,}1$

4. Indices numériques

Mais on peut également gagner du temps en appliquant la formule pour les tableaux de fréquences :

$$\bar{x} = \frac{1 + 2 + 3x3 + 4x6 + 5 + 6x3 + 7x2 + 8x2 + 9}{20} = 5{,}1$$

Globalement, les chômeurs n'ont donc pas une estime de soi très élevée, ce qui était déjà la conclusion apportée grâce à la médiane.

4 Quel indice de tendance centrale choisir ?

- Une question importante est de savoir quel indice choisir et quand.
- Le premier critère est celui du **type de variable** : pour les variables qualitatives nominales, on ne peut utiliser que le mode. La médiane peut être utilisée pour des variables qualitatives ordinales et des variables quantitatives et la moyenne uniquement pour des variables quantitatives.
- Quand on a le choix entre plusieurs indices, on préfèrera celui qui apporte le **plus d'information** : la médiane pour les variables qualitatives ordinales et la moyenne pour les variables quantitatives.
- Les **caractéristiques de la distribution** peuvent aussi amener à favoriser l'un ou l'autre des indices.
- En particulier, la moyenne présente l'inconvénient d'être **moins robuste** que la médiane : elle est plus **sensible aux valeurs extrêmes** et à l'**asymétrie de la distribution**.
- Il existe d'autres indices de tendance centrale, mais les plus courants sont ceux présentés dans ce cours.

Application. Sensibilité de la moyenne aux valeurs extrêmes

Imaginons la distribution des scores suivants :

1, 1, 3, 4, 6, 8, 8, 9, 9, 10, 11, 11, 11, 12, 12, 12, 13, 13.

La médiane est égale à 9,5, la moyenne à 8,5555555 s'arrondit à 8,6.

Changeons à présent le dernier score (13) pour le remplacer par le score 45. La médiane reste la même (9,5) : elle n'est pas sensible à cette valeur extrême. En revanche, la moyenne vaut alors 10,3.

Attention

On préférera donc la médiane à la moyenne lorsque la distribution comprend des valeurs extrêmes ou qu'elle est asymétrique. Un indice de présence de valeurs extrêmes ou d'asymétrie (si on n'a pas fait le graphique boîte à moustaches) est lorsque la moyenne s'écarte notablement de la médiane. Dans le cas de la loi normale, qui est parfaitement symétrique, moyenne et médiane sont confondues (c'est-à-dire qu'elles ont la même valeur).

Attention

L'influence des valeurs extrêmes sur la moyenne dépend de la taille de l'échantillon. Si un seul sujet sur un échantillon de 10 personnes a une valeur extrême, alors il influencera beaucoup la moyenne. En revanche, si l'échantillon compte mille sujets, il n'aura que très peu d'effet. Quand la taille de l'échantillon est grande, la moyenne est donc assez robuste.

Application dans R. Les fonctions R utiles pour ce cours sont les suivantes :

- `table()` : fonction déjà présentée qui permet d'identifier le mode.
- `median()` : fonction qui calcule la médiane.
- `mean()` : fonction qui calcule la moyenne.

15 EXERCICES

Exercice 1

L'indice de masse corporelle (IMC) a été mesuré sur 30 hommes coureurs de fond. Voici la sortie R correspondant à la description de la distribution de l'IMC :

Min.	1st Qu.	Median	Mean	3rd Qu.	Max.
16.73	17.96	18.62	19.11	19.59	30.09

Les catégories définies par l'OMS sont les suivantes : sous-poids : < 18.5 ; normal : entre 18.5 et 25 ; surpoids : plus de 25 et jusqu'à 30 ; et obésité : > 30. Que pouvez-vous dire de cet échantillon, au moyen des indices de tendance centrale présentés dans ce cours ?

Exercice 2

Voici 17 mesures de quotient intellectuel (QI) faites dans une classe d'étudiant.e.s en psychologie :

131 95 100 73 104 85 120 97 79
132 71 97 121 82 98 104 90

Calculer le mode, la médiane et la moyenne.

Exercice 3

Quel indice de tendance centrale choisiriez-vous pour les cas suivants ?

Graphique 1

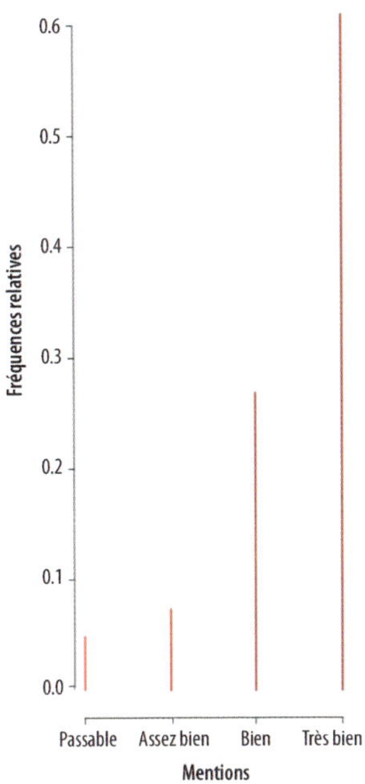

Graphique 2

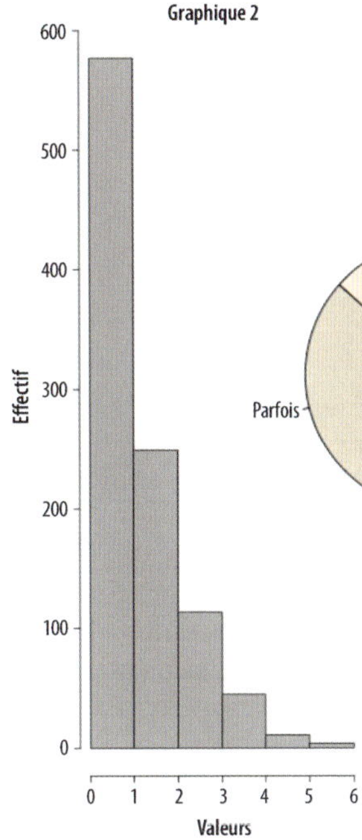

Graphique 3

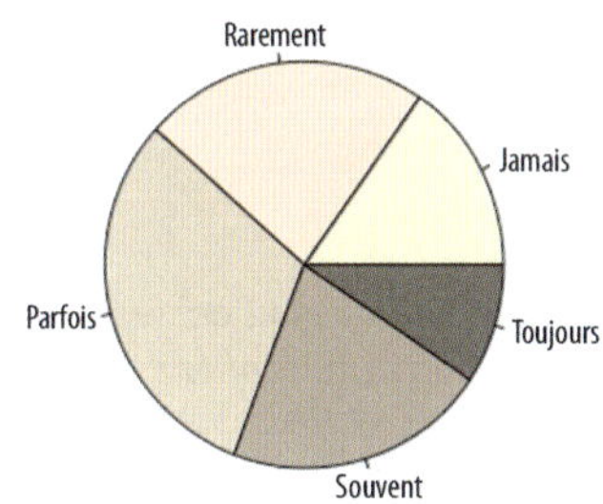

Exercice 4

1 258 personnes ont été interrogées sur la douleur ressentie au réveil d'une opération. L'échelle va de 0 (pas de douleur) à 10 (douleur insupportable). Les données sont présentées dans le tableau suivant :

Score	0	1	2	3	4	5	6	7	8	9	10
Effectifs	1	13	31	104	171	280	291	218	111	33	5

Sur la base de ce tableau, calculez le mode, la médiane et la moyenne, à la main et avec l'aide de R.

15 CORRIGÉS

Exercice 1

On voit que la médiane est de 18,62, c'est-à-dire à la limite du sous-poids, que 75 % des sujets ont un IMC inférieur à 19,59 et que la moyenne vaut 19,11, différente de la médiane. Il y a clairement (au moins) une donnée extrême dans cet échantillon. Comme c'est un échantillon de coureurs de fonds, on peut imaginer qu'il y a eu une erreur dans la saisie des données pour l'individu ayant un IMC de 30,09 (valeur maximum).

Exercice 2

Mode: 97 et 104 (2 occurrences)
Médiane: 97 (9e observation ordonnée)
Moyenne: 98,76
Le mode n'apporte aucune information pertinente pour une variable quantitative continue. En revanche, la médiane et la moyenne indiquent que le QI des étudiants est moyen, ni bon, ni mauvais (la moyenne du QI dans la population étant définie à 100).

Exercice 3

Graphique 1: Il s'agit d'une variable qualitative ordinale, on a donc le choix entre mode et médiane. Toutefois, une grande majorité des sujets ont la mention «Très bien», la médiane et le mode sont donc confondus dans cette modalité. On choisira plutôt le mode, en spécifiant que plus de 60 % des sujets ont obtenu la mention «Très bien».
Graphique 2: Il s'agit d'une variable quantitative. On évitera le mode, car il s'agit d'une variable quantitative continue (sans quoi on n'aurait pas opté pour une représentation sous forme d'histogramme). La moyenne est également à éviter, dans la mesure où les données sont très asymétriques. On prendra donc la médiane, plus robuste à ce type de problème. Le graphique ne permet pas de voir quelle est la médiane, il faudrait la calculer.
Graphique 3: Il s'agit d'une variable qualitative ordinale, on choisira ici l'indice qui donne le plus d'information, à savoir le mode. Au vu du graphique, ce sera la modalité «Parfois».

Exercice 4

Mode: 6 (291 occurrences)
Médiane: 6 (la 629e et la 630e observations se trouvent dans le score 6)
Moyenne: 5,55

$$\frac{0x1+1x13+3x104+4x171+5x280+6x291+7x218+8x111+9x33+10x5}{1258}$$

Avec R:
Créer la variable dans R:

```
score <- c(0, rep(1,13),
rep(2,31), rep(3,104), rep(4,171),
rep(5,280), rep(6,291),
rep(7,218), rep(8,111), rep(9,33),
rep(10,5))
```

Calculer le mode:

```
table(score)
score
0 1  2  3   4   5   6   7   8   9  10
1 13 31 104 171 280 291 218 111 33 5
```

Calculer la médiane:

```
median(score)
```

Calculer la moyenne:

```
mean(score)
```

COURS

16 Indices de dispersion

[MOTS-CLÉS : étendue, écart interquartile, écart-type, variance]

DÉFINITION

Les **indices de dispersion** permettent de résumer la distribution d'une variable de manière numérique, en donnant une indication de la variabilité de la distribution des données autour des indices de tendance centrale. Le choix de l'indice dépend des particularités de la distribution.

1 L'étendue

- L'étendue ou **intervalle de variation** consiste à calculer la **différence** entre la valeur la plus grande (x_{max}) et la valeur la plus petite (x_{min}).
- Cet indice permet de connaître **l'étendue globale** de la distribution et ne dépend pas du nombre de modalités réellement observées : il ne dépend que des valeurs minimale et maximale.
- L'étendue ne se calcule que sur des variables **quantitatives**.
- L'étendue est toujours **positive** : on soustrait la plus petite valeur à la plus grande.
- Cet indice, présenté seul, ne présente qu'un intérêt limité, étant très sensible aux **valeurs extrêmes** et donc **peu robuste**.
- Associé à d'autres indices, il peut être utile, par exemple lorsqu'on veut décrire de manière numérique (c'est-à-dire non graphique) une distribution **asymétrique**. Même si, dans ce cas, l'information la plus utile est simplement de reporter x_{min} et x_{max}.

Application. Calcul de l'étendue

Imaginons que nous avons mesuré les scores suivants : 1, 2, 2, 3, 3, 4, 4, 10.
L'étendue vaut 10 (x_{max}) – 1 (x_{min}) = 9. Même s'il n'y a que 5 valeurs réellement observées, l'étendue vaut donc 9.
Si le dernier score avait été 20 au lieu de 10, l'étendue aurait été 20 – 1 = 19, ce qui montre à quel point l'étendue est sensible aux valeurs extrêmes.

2 L'écart interquartile

- **L'écart interquartile** permet de rendre compte de la dispersion de la distribution autour de la **médiane**.
- On a vu dans le **cours 15** que la médiane permet de couper la distribution en deux parts égales. De la même manière, il est possible de couper la distribution en 4, en 10 ou encore en 100 parties. Cette opération se nomme le **quantilage** et revient à découper la distribution en un certain nombre de groupes contenant le même nombre de sujets.
- Le quantilage présente un intérêt en tant qu'indice de position (voir **cours 17**).
- Le quantilage le plus courant consiste à découper la distribution en 4 parts égales, c'est-à-dire en **quartiles**, chacun comprenant **25 %** des sujets.
- On nomme **Q1** le premier quartile, **Q2** le second (qui correspond également à la médiane) et **Q3** le troisième. Il suffit de 3 coups de ciseaux dans la distribution pour avoir 4 groupes (4 coups de ciseaux donneraient 5 groupes).
- Pour calculer les quartiles, on procède comme suit :
  - Comme pour la médiane, on dresse le **tableau de fréquences** des données en calculant les **pourcentages cumulés**.
  - On cherche ensuite où se trouvent les premiers 25 % de la distribution : Q1 est la valeur au-dessous de laquelle se trouve 25 % des observations ;
  - On cherche ensuite Q2, la médiane (voir **cours 15**) ;
  - Enfin, on cherche où se trouvent les premiers 75 % de la distribution : Q3 est la valeur au-dessus de laquelle il y a 25 % des observations.
- **L'écart interquartile** est la différence entre Q1 et Q3. Cet écart donne une indication de la dispersion de la distribution. Il contient les 50 % des observations du centre de la distribution (la boîte du graphique boîte à moustaches présenté **cours 12**). Et donc, logiquement, 25 % se trouvent en dessous et les 25 % restants au-dessus.
- Comme c'était le cas pour la médiane, l'écart interquartile est un indice **robuste** de la dispersion d'une distribution, peu sensible aux valeurs extrêmes, au contraire de l'étendue et des autres indices présentés plus loin.

Application. Calculer les quartiles et l'écart interquartile

Reprenons l'exemple du cours 15 sur les scores d'estime de soi des chômeurs.

Score	Effectif	Effectif cumulé	Pourcentage cumulé
1	1	1	4,8 %
2	1	2	9,5 %
3	3	5	23,8 %
4	4	9	42,9 %
5	2	11	52,4 %
6	5	16	76,2 %
7	2	18	85,7 %
8	2	20	95,2 %
9	1	21	100 %
10	0	21	100 %
Total	21	21	100 %

Q1 = 4, car les premiers 25 % se trouvent dans cette valeur ou en dessous : il y a 23,8 % des sujets qui ont 3 ou moins, et donc le 25e % se trouve dans la valeur 4.

Q3 = 5 car les premiers 75 % se trouvent dans cette valeur ou en dessous : il y a 76,2 % des sujets qui ont 6 ou moins, et donc le 75e % se trouve dans la valeur 5.

L'écart interquartile vaut donc 5 – 4 = 1. La distribution ne semble donc pas très dispersée.

Attention

Pour interpréter un indice de dispersion, il faut connaître les valeurs possibles de la variable. Ainsi, un écart interquartile de 5 pour une échelle allant de 1 à 100 est faible, mais si l'échelle va de 1 à 10, il indique alors une grande dispersion. Ainsi, pour évaluer le degré de dispersion, l'écart interquartile peut-être comparé à l'étendue.

3 Variance et écart-type

- La **variance** et **l'écart-type** permettent de rendre compte de la dispersion autour de la **moyenne**. La procédure est la suivante :
  - On commence par **calculer la moyenne** (puisqu'on souhaite savoir la dispersion autour de la moyenne) ;
  - On calcule ensuite les **écarts à la moyenne**. Autrement dit, on soustrait à chaque observation la moyenne, afin de savoir dans quelle mesure la valeur correspondante s'éloigne de celle-ci ;

- Le problème, c'est que si on fait la somme de ces écarts à la moyenne, on trouve zéro ! Cela ne nous donne donc aucune information sur la dispersion. Pour y remédier, on **élève chaque écart à la moyenne au carré** ;
- On fait la **somme** de tous les écarts à la moyenne au carré (c'est ce qu'on appelle le **moment centré d'ordre 2**, le moment d'ordre 1 étant la moyenne) ;
- On **divise par n – 1** (n étant le nombre de valeurs), pour avoir l'écart au carré moyen. Cet indice se nomme la **variance** ;
- Comme il s'agit d'un écart au carré, il n'est pas interprétable. Pour résoudre ce problème, on **prend la racine carrée de la variance** : on obtient **l'écart-type**.
- On note s^2 la variance et s l'écart-type. Les formules de la variance et de l'écart-type sont les suivantes :

$$s^2 = \frac{\sum_{i=1}^{n}(x_i - \bar{x})^2}{n-1}$$

$$s = \sqrt{\frac{\sum_{i=1}^{n}(x_i - \bar{x})^2}{n-1}}$$

- La variance est un indice au carré, elle ne s'exprime donc pas dans l'unité de mesure de la variable. L'écart-type, au contraire, s'exprime dans l'unité de mesure de la variable. C'est celui-ci qu'on utilisera pour décrire la distribution.
- Tout comme c'était le cas pour la moyenne, variance et écart-type sont sensibles aux **valeurs extrêmes** et sont susceptibles d'être **peu robustes**. C'est particulièrement vrai pour la variance qui est un indice au carré. Comme c'était le cas pour la moyenne (voir **cours 15**),

Attention

Vous vous demandez sûrement pourquoi on divise par n – 1 et non par n, et c'est là une excellente question (on vous remercie de l'avoir posée !). La variance calculée en divisant par n **sous-estime la vraie dispersion** de la distribution, c'est-à-dire la variance de la population. Nous vous passerons les démonstrations mathématiques qui prouvent que cette variance dite empirique est un estimateur biaisé de la variance, qui n'est pas nécessaire à la compréhension. Par contre, il faut savoir que pour y remédier, au lieu de diviser la somme des écarts au carré par n, on la **divise par n – 1**. Diviser par quelque chose de plus petit permet d'avoir une valeur un peu plus grande, et les démonstrations mathématiques s'accordent sur le fait que cet estimateur est non biaisé. Dans certains logiciels, les deux estimations sont disponibles (diviser par n ou par n – 1), il faut donc veiller à choisir la bonne.

la sensibilité aux valeurs extrêmes dépend de la **taille de l'échantillon** : les estimations de la variance et de l'écart-type seront moins influencées par la présence de valeurs extrêmes dans un échantillon de grande taille que dans un échantillon de petite taille.

Application. Calcul de la variance et de l'écart-type

On dispose des notes de 7 élèves qui figurent dans la base de données suivante, avec les étapes du calcul de la variance :

Résultats des élèves à un examen

Élève	Note (x_i)	$x_i - \bar{x}$	$(x_i - \bar{x})^2$
1	3	3 – 9 = –6	$(-6)^2$ = 36
2	5	5 – 9 = –4	$(-4)^2$ = 16
3	5	5 – 9 = –4	$(-4)^2$ = 16
4	10	10 – 9 = 1	1^2 = 1
5	12	12 – 9 = 3	3^2 = 9
6	14	14 – 9 = 5	5^2 = 25
7	14	14 – 9 = 5	5^2 = 25

On commence par calculer la moyenne, qui vaut 9. Ensuite, on soustrait pour chaque sujet (x_i) la moyenne à la note qu'il a obtenue (colonne 3), puis on élève cet écart au carré (colonne 4).
On somme ensuite les écarts au carré : 36 + 16 + 16 + 1 + 9 + 25 + 25 = 128 et on divise la somme des écarts au carré par le nombre d'observations moins un pour obtenir la variance :

$$s^2 = \frac{128}{6} = 21,33$$

On extrait ensuite la racine carrée pour avoir l'écart-type : $s = \sqrt{21,33} = 4,62$.
On peut dire : « En moyenne », les notes s'écartent de 4,62 points autour de la moyenne (qui vaut 6). On peut donc dire que la dispersion est assez grande.

Attention
La variance et l'écart-type sont positifs. De manière évidente pour la variance puisqu'il s'agit d'un indice au carré et par convention pour l'écart-type.

- Si cette formule permet de bien comprendre la logique du calcul et le principe de la variance et de l'écart-type, elle peut être très longue et fastidieuse si le nombre d'observations est important.

- Il existe une **formule simplifiée** qui permet de calculer ces indices rapidement, qui ne paraît pas très simple de prime abord mais permet de calculer la variance et l'écart-type sur des tableaux de fréquences :

$$s^2 = \frac{\sum_{i=1}^{n} x^2 - \frac{(\sum_{i=1}^{n} x)^2}{n}}{n-1}$$

$$s = \sqrt{\frac{\sum_{i=1}^{n} x^2 - \frac{(\sum_{i=1}^{n} x)^2}{n}}{n-1}}$$

- Dans la formule simplifiée (en termes de calcul !) de la variance s^2, on additionne chaque mesure mise au carré, ce à quoi on soustrait la somme mise au carré de toutes les mesures divisée par n. L'ensemble est divisé par n – 1.
- Il est important de ne pas confondre $\sum x^2$ et $(\sum x)^2$:
  - $\sum x^2$: on élève au carré chaque mesure et ensuite on en fait la somme : $3^2 + 5^2 + 5^2 + \ldots$
  - $(\sum x)^2$: on additionne toutes les mesures et ensuite on élève le résultat au carré : $(3 + 5 + 5 + \ldots)^2$.

Application. Calculer une variance et un écart-type, formule simplifiée

Un enseignant note ses élèves à un examen oral. L'échelle s'étend de 1 à 5.

Tableau de fréquences des notes d'oral des élèves

Note (x_i)	Effectif (n_i)	$x_i \times n_i$	x^2	$x^2 \times n_i$
1	2	1 × 2 = 2	1^2 = 1	1 × 2 = 2
2	4	2 × 8 = 8	2^2 = 4	4 × 4 = 16
3	5	3 × 5 = 15	3^2 = 9	9 × 5 = 45
4	3	4 × 3 = 12	4^2 = 16	16 × 3 = 48
5	1	5 × 1 = 5	5^2 = 25	25 × 1 = 25
Total	n = 15 $\bar{x}$ = 2,8	$\sum x$ = 42 $(\sum x)^2$ = 1764		$\sum x^2$ = 136

Pour calculer $\sum x$ sur un tableau de fréquences, on multiplie chaque valeur (x_i, colonne 1) par son effectif (n_i, colonne 2) et on en fait la somme, qui vaut 42 (colonne 3). Cette valeur permet de calculer la moyenne : il suffit de

diviser par n pour l'obtenir (voir **cours 15**). Cela permet également de calculer $(\sum x)^2$: $42^2 = 1\,764$.
Pour calculer $\sum x^2$, on commence par élever chaque valeur (x_i, colonne 1) au carré (colonne 4). On multiplie ensuite ces x_i^2 par l'effectif (n_i, colonne 2) et on fait la somme, qui vaut ici 136 (colonne 5).
On peut ensuite appliquer la formule, en veillant à ne pas intervertir les deux sommes de carrés (une erreur fréquente !) :

$$s^2 = \frac{136 - \frac{42^2}{15}}{14} = 1{,}32$$

$$s = \sqrt{1{,}32} = 1{,}15$$

On peut dire : « En moyenne », les notes s'écartent de 1,15 points de la moyenne. Sur une échelle de 1 à 5, il s'agit d'une dispersion assez importante.

Attention

Cette formule permet également d'éviter les problèmes d'arrondis. Si par exemple une moyenne vaut 7,333333, on est obligé d'arrondir en utilisant la première formule, mais pas avec la formule simplifiée. Évidemment, de nos jours, plus personne ne calcule de variance à la main, si on vous embête avec ça, c'est pour que vous compreniez « de l'intérieur » ce que cette mesure représente vraiment, ce qui est fondamental pour comprendre les statistiques.

4 Quel indice de dispersion choisir ?

- Le type de variable, qui était le premier critère pour les indices de position, ne s'applique plus pour les indices de dispersion : les trois principaux indices présentés dans ce cours ne s'appliquent que sur des échelles quantitatives. Pour les échelles qualitatives, il n'y aura donc pas d'indice de dispersion.
- Les **caractéristiques de la distribution** vont par contre pousser à choisir tel ou tel indice : l'écart interquartile est plus robuste aux valeurs extrêmes, et sera donc plus adapté aux distributions avec de telles valeurs ou encore pour les distributions asymétriques.
- La variance n'est pas utilisée pour décrire la dispersion de la distribution, car elle s'exprime en unités carrées de la variable. On choisira donc l'écart-type plutôt que la variance. La variance possède toutefois

des propriétés très intéressantes et est très utilisée dans la statistique inférentielle, il est donc indispensable de la connaître.

- L'étendue présente assez peu d'intérêt pour décrire la distribution car c'est un indice très peu précis et extrêmement sensible aux valeurs extrêmes.

Application dans R. Les fonctions R utiles pour ce cours sont les suivantes :

- `min()` : fonction qui retourne la valeur minimum de l'ensemble des observations.
- `max()` : fonction qui retourne la valeur maximum de l'ensemble des observations.
- `range()` : fonction qui retourne un vecteur contenant le minimum et le maximum de l'ensemble des observations.
- `summary()` : fonction qui retourne un résumé de la distribution (minimum, 1er quartile, médiane, moyenne, 3e quartile et maximum).
- `var()` : fonction qui calcule la variance non biaisée de l'échantillon.
- `sd()` : fonction qui calcule l'écart-type non biaisé de l'échantillon (*standard deviation* en anglais).

16 EXERCICES

Exercice 1

Voici les 17 mesures de QI de l'exercice 2 du cours 15 :

131 95 100 73 104 85 120 97 79 132
71 97 121 82 98 104 90

Calculez le minimum, le maximum, l'étendue, l'écart interquartile, la variance non biaisée, la variance biaisée et les deux écarts-types associés.

Exercice 2

Voici le résumé des indices de masse corporelle présenté dans l'exercice 1 du cours 15 (mesuré sur 30 hommes coureurs de fond).

Min.	1st Qu.	Median	Mean	3rd Qu.	Max.
16.73	17.96	18.62	19.11	19.59	30.09

Les catégories définies par l'OMS sont toujours les suivantes : sous-poids : < 18.5 ; normal : entre 18.5 et 25 ; surpoids : plus de 25 et jusqu'à 30 ; et obésité : > 30.

1) Calculez l'étendue, l'écart interquartile et la variance.
2) Que pouvez-vous dire de cet échantillon, au moyen des indices de dispersion présentés dans ce cours ?

Exercice 3

Nous avons vu que la variance non biaisée (lorsque le dénominateur vaut n – 1) est plus grande que la variance biaisée (lorsque le dénominateur vaut n).

1) Si la variance biaisée vaut 12,8 et que n vaut 10, que vaut la variance non biaisée ?
2) Si la variance non biaisée vaut 12,8 et que n vaut 10, que vaut la variance biaisée ?
3) Que se passe-t-il lorsque n est très grand ?

16 CORRIGÉS

Exercice 1

Minimum : 71
Maximum : 132
Étendue : 132 – 71 = 61
Écart-interquartile : 104 – 85 = 19
Variance non biaisée : 346,19
Variance biaisée : 325,83
Écart-type non biaisé : 18,61
Écart-type biaisé : 18,05
Vous pouvez ainsi remarquer que la variance biaisée sous-estime la dispersion : elle est plus petite que la variance non biaisée.
Le problème se répercute évidemment sur l'écart-type.

Exercice 2

1) Étendue : 30,09 – 16,73 = 13,36
Écart interquartile : 19,59 – 17,96 = 1,63
Variance : ce n'est pas possible de calculer la variance lorsqu'on a ce type d'indices uniquement.
2) L'étendue vaut 13,36 et l'écart interquartile vaut 1,63, la moyenne est très proche du 3e quartile : la présence d'au moins une valeur extrême se confirme. Si on « oublie » le maximum à 30,09, la distribution semble symétrique avec un écart entre le minimum, le 1er quartile, la médiane et le 3e quartile d'environ 1 unité d'IMC.

Exercice 3

1) La variance non biaisée vaut :
$12{,}8 \times \frac{n}{n-1} = 12{,}8 \times \frac{10}{9} = 14{,}22.$
2) La variance biaisée vaut :
$12{,}8 \times \frac{n-1}{n} = 12{,}8 \times \frac{9}{10} = 11{,}52.$
3) Plus la taille de l'échantillon grandit, plus les deux variances sont proches. En effet, le rapport $\frac{n}{n-1}$ se rapproche de 1. Par exemple, si n vaut 500, alors $\frac{500}{499} = 1{,}002.$

COURS 17 Indices de position

[MOTS-CLÉS : loi normale, quantile, rang, score z]

DÉFINITION

Les **indices de position** permettent de caractériser et situer chaque observation au sein de la distribution. Leur choix d'utilisation dépend des objectifs du/de la scientifique.

1 Les quantiles

- Les **quantiles** ont été présentés dans le **cours 16**. Ils consistent à **couper** la distribution en un nombre de **parts égales**. Les plus courants sont les suivants :
  - Les **quartiles** coupent la distribution en 4, chacun contenant 25 % des observations ;
  - Les **déciles** en 10, contenant chacun 10 % des observations ;
  - Les **centiles** en 100, contenant chacun 1 % des observations.
- Les quantiles permettent donc de décrire finement la distribution, en la découpant en **sous-groupes égaux de sujets**.
- Les déciles et plus encore les centiles nécessitent d'avoir un nombre important de sujets et également un nombre important de valeurs sur la variable mesurée. Ils ne se calculent que sur des **échelles quantitatives**.
- Le principe de calcul des quantiles est le même que celui des quartiles. Le plus simple consiste à dresser le **tableau de fréquences** incluant les **pourcentages cumulés** et à rechercher les pourcentages correspondants aux quantiles choisis.

Application. Calcul des déciles à partir du tableau de fréquences

Le tableau de fréquences ci-dessous résume les données de santé mentale concernant des jeunes sans emploi et sans formation (les « ni-ni »). La santé mentale est mesurée sur une échelle de 0 (très mauvaise santé mentale) à 100 (très bonne santé mentale). 50 correspond à une santé mentale moyenne, ni bonne ni mauvaise. On définit la mauvaise santé mentale à partir d'un score inférieur à 40.

Tableau de fréquences de la santé mentale des ni-ni

Valeur	Effectif	Effectif cumulé	Pourcentage	Pourcentage cumulé
34	1	1	0,5	0,5
36	1	2	0,5	1,0
39	2	4	1,0	2,0
41	3	7	1.5	3,5
42	2	9	1,0	4,5
43	5	14	2,5	7,0
44	4	18	2,0	9,0
45	5	23	2,5	11,5
46	9	32	4,5	16,0
47	7	39	3,5	19,5
48	10	49	5,0	24,5
49	11	60	5,5	30,0
50	10	70	5,0	35,0
51	18	88	9,0	44,0
52	20	108	10,0	54,0
53	10	118	5,0	59,0
54	16	134	8,0	67,0
55	12	146	6,0	73,0
56	8	154	4,0	77,0
57	9	163	4,5	81,5
58	7	170	3,5	85,0
59	6	176	3,0	88,0
60	3	179	1,5	89,5
61	11	190	5,5	95,0
62	3	193	1,5	96,5
65	1	194	0,5	97,0
66	2	196	1,0	98,0
67	2	198	1,0	99,0
70	1	199	0,5	99,5
71	1	200	0,5	100,0

Les déciles sont les suivants :

Tableau des déciles

Décile et % d'observations	Valeur du décile
1 (10 %)	45
2 (20 %)	48
3 (30 %)	49,7
4 (40 %)	51
5 (50 %)	52
6 (60 %)	54
7 (70 %)	55
8 (80 %)	57
9 (90 %)	61
10 (100 %)	71

Seuls 10 % des sujets ont 45 ou moins. Il y a donc peu de sujets ayant une santé mentale définie comme mauvaise (plus exactement, 2 % des sujets ont un score inférieur à 40, ce que l'on peut voir en se reportant au tableau des données brutes). La médiane vaut 52, ce qui correspond presque à la moyenne de l'échelle de mesure (50). 10 % des sujets ont un score supérieur ou égal à 61 et donc une très bonne santé mentale.
Notez le décile 3 (30 %) : 49,7. Cela vient du fait que l'échantillon est de taille paire et donc le quantile se situe entre deux observations : entre le 60e sujet (30 %), qui a le score 49, et le 61e sujet (30.5 %), qui a un score de 50. Le décile n'est pas 49,5, mais 49,7. En effet, le calcul est le suivant lorsque le quantile se situe entre deux observations différentes : score + (1 – quantile) soit : 49 + (1 – 0,3) = 49,7.

1 Les rangs

- Les **rangs** permettent de **classer les sujets** les uns par rapport aux autres dans la distribution.
- Ils donnent donc une **information individuelle sur les sujets**, de manière plus fine que les quantiles, et ils permettent également de les **comparer** les uns aux autres.

- Le rang se calcule sur des variables **qualitatives ordinales** ou **quantitatives**.
- Le calcul, très simple, consiste à **ordonner les sujets** : attribuer le rang 1 au sujet qui a le meilleur score (la note la plus grande, le temps de réaction le plus faible, etc.), le rang 2 au second, et ainsi de suite.
- En cas d'**ex-æquo**, le même rang est attribué aux deux sujets ayant la même observation. Notez qu'il existe d'autres manières d'attribuer un rang aux ex-æquo.
- Il est indispensable de savoir à quoi correspond la variable pour ordonner les sujets.

Application. Calculer les rangs

Le tableau de données ci-dessous présente les résultats obtenus par 5 sujets évalués sur le temps mis à accomplir une tâche. Le « meilleur » sujet est donc celui qui a le temps le plus court.

Tableau de données du temps mis à accomplir la tâche

Sujet	Temps	Rang
1	1'12	1
2	1'32	5
3	1'20	4
4	1'18	3
5	1'15	2

Ainsi, le sujet 1, le plus rapide, se voit attribuer le rang 1. Le sujet 2, le plus lent, obtient le rang 5.

Tableau de données du temps mis à accomplir la tâche, avec ex-æquo

Sujet	Temps	Rang
1	1'12	1
2	1'32	5
3	1'20	4
4	1'15	2
5	1'15	2

Les sujets 4 et 5, qui ont le même temps, obtiennent le même rang (2). Le sujet suivant, le sujet 3, obtient le rang suivant, c'est-à-dire le rang 4.

Attention
Les rangs font perdre de l'information car ils transforment une variable quantitative en variable qualitative ordinale. Ils sont donc assez peu utilisés en tant que tels dans le milieu scientifique. Ils sont par contre utilisés dans certaines procédures statistiques pour remplacer les valeurs observées lorsqu'il y a des valeurs extrêmes. En effet, le rang du dernier arrivé d'un 100 mètres ne change pas, qu'il ait fait 10 secondes 30 ou 1 minute !

Attention
Dans le cas d'une variable qualitative ordinale ou quantitative discrète, il y aura beaucoup d'ex-æquo car le nombre de modalités/valeurs est réduit. L'usage des rangs n'apporte donc pas beaucoup d'information dans ce cas.

3 Les scores z

3.1 Calculer les scores z

- Le score z est la transformation d'un score brut x.
- Les **scores z** permettent de **positionner un sujet** par rapport à l'ensemble d'une distribution.
- Ils permettent également de **comparer** les scores de sujets pour des distributions qui ne sont pas initialement comparables. Ils sont donc plus facilement interprétables que les scores bruts.
- Les scores z s'utilisent sur des **échelles quantitatives** et présentent l'avantage de ne pas faire perdre d'information, au contraire des rangs.

Application. Comparer des notes

Une chercheuse désire comparer les notes d'enfants issus de deux classes et ayant eu des professeurs différents. Elle se rend compte que ceux-ci n'ont pas utilisé le même examen : dans une classe, le nombre de points possibles va de 0 à 12, alors que dans l'autre cela va de 7 à 20. Les nombres de points ne sont donc pas directement comparables : 12 donne une bonne note dans une classe et une mauvaise note dans l'autre. Il s'agit d'une situation souvent expérimentée par les élèves à l'école ! Pour pouvoir comparer ces notes, la chercheuse devra utiliser le score z.

- Calculer un score z revient à **centrer** et **réduire** les observations, c'est-à-dire les **déplacer autour de la valeur 0** et **changer leur échelle**.
- **Centrer** consiste à ôter à chaque observation la moyenne, soit $x_i - \bar{x}$. Les valeurs obtenues correspondent aux écarts à la moyenne et la nouvelle moyenne vaut 0 : on a **centré** la distribution sur 0.
- **Réduire** consiste à diviser chacune des observations centrées par l'écart-type (s), soit :

$$z_i = \frac{x_i - \bar{x}}{s}$$

  On a cette fois-ci **réduit** la distribution, puisqu'en divisant toutes les observations par s, le nouvel écart-type des scores z vaut 1.
- À chaque observation correspond un score z. Ce score représente la **distance** de cette observation par rapport à 0 (qui est la moyenne des scores z). Comme l'écart-type est de 1, il représente l'échelle de mesure. Ainsi, chaque score z correspond à une distance par rapport à la moyenne en nombre d'écarts-types. Cela permet de situer chaque sujet au sein de la distribution : au-dessus ou en dessous de la moyenne et à quelle distance.

Application. Comparer des notes, calcul des scores z

Le tableau de données suivant présente les notes d'élèves à un contrôle de géographie noté sur 10.

Tableau de données des notes en géographie avec calcul du score z

Élève	Note (x_i)	$x_i - \bar{x}$	Score z (z_i)
1	8	8 – 6 = 2	2 ÷ 2,11 = 0,95
2	6	6 – 6 = 0	0 ÷ 2,11 = 0
3	5	5 – 6 = –1	–1 ÷ 2,11 = –0,47
4	9	9 – 6 = 3	3 ÷ 2,11 = 1,42
5	4	4 – 6 = –2	–2 ÷ 2,11 = –0,95
6	2	2 – 6 = –4	–4 ÷ 2,11 = –1,90
7	6	6 – 6 = 0	0 ÷ 2,11 = 0
8	8	8 – 6 = 2	2 ÷ 2,11 = 0,95
9	7	7 – 6 = 1	1 ÷ 2,11 = 0,47
10	5	5 – 6 = –1	–1 ÷ 2,11 = –0,47

Il est avant tout nécessaire de calculer la moyenne, qui vaut ici 6, et l'écart-type, qui vaut 2,11. On commence par centrer, c'est-à-dire ôter la moyenne

à la note de chacun des 10 élèves (colonne 3). Ensuite, on réduit, en divisant chaque écart à la moyenne par l'écart-type (colonne 4).
Ainsi, l'élève n° 4 se trouve à une distance de 1,42 écart-type au-dessus de la moyenne tandis que l'élève n° 6 se trouve à 1,90 écart-type en dessous de la moyenne.

Mise en pratique

Comparer différentes distributions à l'aide du score z

Un psychologue récupère des protocoles de tests d'aptitude administrés à des étudiants en fin d'études. Chacun a passé deux tests, donnant lieu à deux scores d'aptitude. Les scores du premier test peuvent s'étendre de 0 à 15, tandis que ceux du second peuvent varier entre 20 et 40. On sait que la moyenne de l'échantillon vaut 7 pour le premier test, 31 pour le second, les écarts-types étant respectivement de 0,9 et 7,1. Les deux distributions ne sont donc pas directement comparables : pour un même sujet, il est difficile de savoir directement s'il a été performant aux deux tests. La transformation en score z permet de faire cette comparaison : puisque les deux distributions seront centrées et réduites, elles auront la même unité de mesure.
Un étudiant a obtenu 8 au premier test et 35 au second. L'étudiant a-t-il mieux réussi le premier test ou le second ? Pour comparer ces deux résultats relevant de distributions non directement comparables, on les transforme en scores z :

$$z_{\text{test 1}} = \frac{8-7}{0{,}9} = 1{,}11$$

$$z_{\text{test 2}} = \frac{35-31}{7{,}1} = 0{,}56$$

Bien qu'en valeur absolue l'étudiant semble meilleur au second test, c'est en réalité au premier test qu'il est plus performant : il se trouve à 1,11 écart-type au-dessus de la moyenne pour ce test, alors qu'il est seulement à 0,56 écart-type au-dessus pour le second test.

3.1 Utiliser la table de la loi normale centrée-réduite

- Si les scores z permettent de positionner précisément un sujet au sein d'une distribution, ils permettent également d'aller plus loin quand la **distribution est normale** : il devient possible de calculer, pour chaque score z, le pourcentage d'observations ayant obtenu un score plus élevé ou plus faible.
- Calculer le pourcentage d'observations ayant moins d'une certaine valeur pour une distribution normale s'appuie sur la notion de densité (voir **cours 12**) et revient à calculer l'**aire sous la courbe**.

- Le graphique ci-dessous présente la **loi normale centrée-réduite** (moyenne égale à 0 et écart-type égal à 1). L'appellation « loi » est utilisée quand on parle d'une distribution théorique, non directement observée et mesurée.
- On se demande quelle proportion de sujets ont un score inférieur à 1, c'est-à-dire quelle est la **probabilité** d'avoir un score inférieur ou égal à 1. Cette probabilité correspond à l'aire grisée sous la courbe et se note comme suit : $P(X \leq 1)$ (« P » pour probabilité, « X » pour la variable qui nous intéresse et qu'on aura pris soin de définir préalablement).

Courbe de la loi normale centrée-réduite, probabilité inférieure à 1

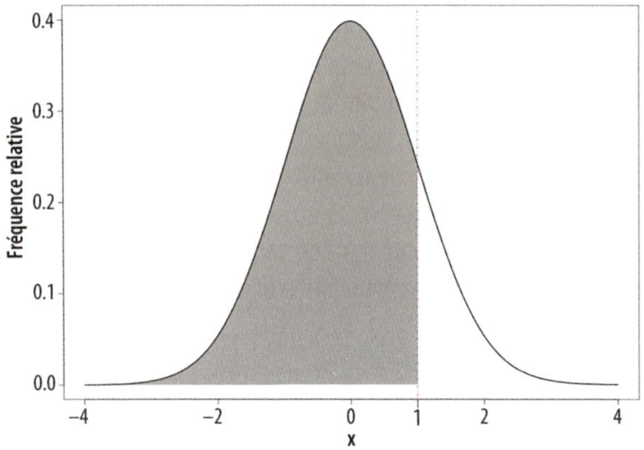

- Il serait bien sûr possible de calculer soi-même l'aire sous la courbe, mais ce serait à la fois long et fastidieux. Par chance, les statisticiens ont établi des **tables** qui indiquent les proportions correspondantes à chaque valeur qui nous intéresse (ici 1). Seconde chance, R est capable de calculer directement ces proportions.
- La **table de la loi normale centrée-réduite** figure en **annexe**. Cette table indique quelle est la probabilité d'avoir un score z inférieur au score recherché. On lit en ligne (en utilisant la première colonne du tableau) les unités et la première décimale (les dixièmes). On lit en colonne (en utilisant la première ligne du tableau) la seconde décimale (les centièmes). La première page de la table correspond aux valeurs négatives, tandis que la seconde page correspond aux valeurs positives.
- Autrement dit, pour chercher $P(X \leq 1)$, on cherche 1.00, soit 1.0 en ligne, et .00 en colonne. On trouve donc $P(X \leq 1) = 0{,}8413$. La probabilité d'avoir un score inférieur ou égal à 1 est de 84,13%. La valeur pour

laquelle on cherche la probabilité se note **Φ** (la lettre grecque phi en majuscule). Au contraire, si on a une probabilité et qu'on cherche le score z correspondant, on écrit u_p. Par exemple : **Φ**(1,00) = 0,8413 et $u_{0,8413} = 1,00$.

- À votre avis, quelle est la probabilité d'avoir un score supérieur à 1, c'est-à-dire P(X > 1) ? Comme l'aire sous l'ensemble de la courbe vaut 1 (100 %), il suffit de faire 1 – 0,8413 = 0,1587. La probabilité d'avoir un score supérieur à 1 est de 15,87 %. Cela correspond à l'aire non grisée dans la figure ci-dessus.
- Comme la loi normale est parfaitement symétrique, si on cherche la probabilité pour un z = -1, on peut trouver la réponse en regardant dans la table des valeurs négatives (0,1587), mais aussi en faisant 1 – la probabilité de la valeur 1, soit 1 – 0,8413 = 0,1587. Le graphique suivant illustre la correspondance : on voit bien que la zone non grisée du graphique 2 a la même probabilité (surface) que la zone grisée du graphique 1. De fait, comme l'information des deux tables est redondante, certaines tables ne fournissent que les valeurs positives.

Courbe de la loi normale centrée-réduite,
probabilité inférieure à -1 et à 1

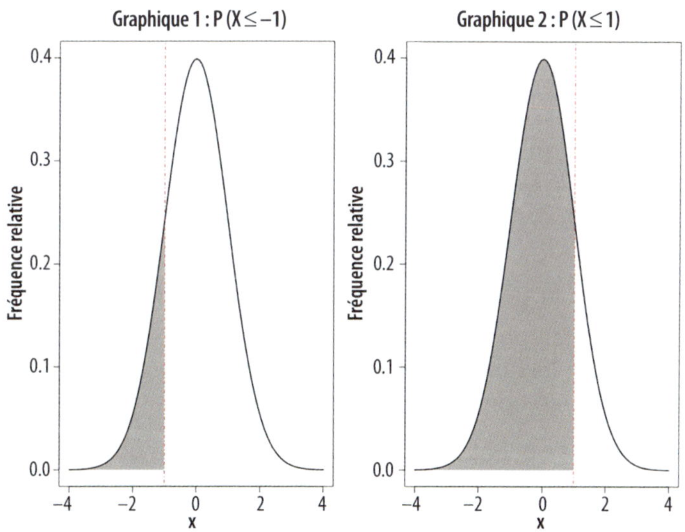

- Enfin, on peut également calculer la **probabilité associée à un intervalle**. Par exemple, quelle est la probabilité d'avoir entre -1 et 1? Il suffit de soustraire à la probabilité d'avoir un score inférieur ou égal à 1 celle d'avoir un score inférieur ou égal à -1, soit 0,8413 – 0,1587 = 0,6826. Cela revient à « retirer » tout ce qui est en dessous de -1, afin d'avoir l'information pour l'intervalle qui nous intéresse. En effet, 68 % des observations sont comprises entre -1 et +1 écart-type.

Courbe de la loi normale centrée-réduite, probabilité comprise entre -1 et 1

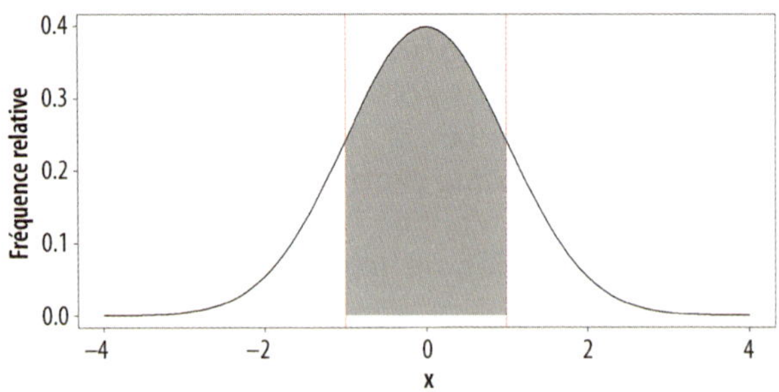

- La table n'existe que pour la loi normale centrée-réduite. En effet, il existe une infinité de tables possibles selon les moyennes et écarts-types des différentes lois normales et il n'est donc pas possible de les avoir toutes. Il est donc nécessaire de **convertir les scores** obtenus par un échantillon en score z, pour pouvoir lire la table et savoir quelle proportion de la population a un score plus faible. En revanche, cette démarche de transformation n'est pas nécessaire avec R.

Application. Situer un sujet au sein d'une population

Un psychologue fait passer un test de QI à un groupe d'enfants. On sait que le QI suit une loi normale de moyenne 100 et d'écart-type 15 (c'est la manière dont il a été construit).

1) Un des enfants obtient un score de 143. Quel est le pourcentage d'enfants ayant un score plus faible ?
Pour répondre à cette question, on commence par décrire la variable qui nous intéresse :
$X \sim \mathcal{N}(100, 15)$ → Cela correspond à la description de notre variable. On l'a nommée X (par convention) et on sait qu'elle suit (symbole ~) une

loi normale (symbole $\mathcal{N}$) de paramètres 100 (sa moyenne) et 15 (son écart-type).

Ensuite, on écrit la question sous forme mathématique:

$P(X \leq 143) = ?$ → C'est la question posée.

On ne peut pas y répondre directement, car on ne dispose pas de table pour cette loi normale ($\bar{x} = 100$ et $s = 15$). On va donc transformer ce score en score z. La notation pour répondre à la question est la suivante:

$$P(X \leq 143) = P\left(\frac{X - \bar{x}}{s} \leq \frac{x - \bar{x}}{s}\right) = P\left(\frac{X - 100}{15} \leq \frac{143 - 100}{15}\right)$$

$$= P(Z \leq 2{,}87) = \Phi(2{,}87) = 0{,}9979$$

Autrement dit, la probabilité d'avoir un score de QI inférieur à 143 est de 99,79 %.

2) Quel est le pourcentage d'enfants ayant un score plus élevé que 143? Avec le résultat précédent, on dispose déjà de la réponse à la question: $1 - 0{,}9979$. La notation correcte est la suivante:

$$P(X > 143) = 1 - P(X \leq 143) = 1 - P\left(\frac{X - 100}{15} \leq \frac{143 - 100}{15}\right) = 1 - P(Z \leq 2{,}87)$$

$$= 1 - \Phi(2{,}87) = 1 - 0{,}9979 = 0{,}0021$$

Seuls 0,21 % des enfants ont un score supérieur à 143.

3) Un autre enfant obtient un score de 92. Quel est le pourcentage d'enfants ayant un QI inférieur ou égal?

$$P(X \leq 92) = P\left(\frac{X - 100}{15} \leq \frac{92 - 100}{15}\right) = P(Z \leq -0{,}53) = 0{,}2981$$

29,81 % des enfants ont un score inférieur ou égal à 92.

4) Quel est le pourcentage d'enfants ayant un QI compris entre 92 et 143?

$$P(92 \leq X \leq 143) = P\left(\frac{92 - 100}{15} \leq \frac{X - 100}{15} \leq \frac{143 - 100}{15}\right)$$

$$= P(-0{,}53 \leq Z \leq 2{,}87) = \Phi(2{,}87) - \Phi(-0{,}53) = 0{,}9979 - 0{,}2981 = 0{,}6998$$

La probabilité d'avoir un score compris entre 92 et 143 est de 69,98 %.

Application dans R. Les fonctions R utiles pour ce cours sont les suivantes :

- `quantile()` : fonction qui permet de trouver quelle observation correspond au quantile désiré.
- `rank()` : fonction qui permet d'attribuer à chaque observation son rang. Attention, par défaut, R utilise une technique différente de celle présentée dans ce livre pour traiter les ex æquo (voir le script R).
- `sort()` : fonction qui permet d'ordonner les observations.
- `scale()` : fonction qui permet de calculer les scores z d'une variable.
- `pnorm()` : fonction qui donne la probabilité de se trouver en dessous d'une certaine valeur dans le cas d'une distribution normale. Nous pouvons spécifier dans les arguments de cette fonction la moyenne et l'écart-type de la distribution et donc, il n'y a pas besoin de transformer les observations en score z.
- `qnorm()` : fonction qui donne la valeur qui sépare la distribution en 2 proportions complémentaires lorsque la distribution est normale, par exemple 35 % au-dessous et 65 % au-dessus. Comme pour `pnorm()`, nous pouvons spécifier dans les arguments de cette fonction la moyenne et l'écart-type de la distribution.

17 EXERCICES

Exercice 1

Si nous nous intéressons aux notes d'un examen, quels seraient les types de quantiles intéressants à calculer lorsque :

1) l'examen est noté de 1 à 6 ?

2) l'examen est noté de 1 à 20 ?

Exercice 2

Dans la base de données « Absentéisme à l'école » (voir cours 8) :

1) Quel est l'enfant qui a le rang 3 par rapport à la variable « note » ?

2) Quelle note a-t-il obtenu ?

3) Quel est son rang en terme d'absentéisme ?

Exercice 3

Une équipe d'enseignants décide de créer des cours de rattrapage pour les élèves en difficulté et des cours avancés pour les élèves les plus doués. Pour prendre sa décision, l'équipe d'enseignants décide de faire passer un test standardisé aux élèves. On sait que ce test suit une loi normale de moyenne 12 et d'écart-type 2.

1) Les élèves qui ont 8 ou moins suivront les cours de rattrapage et ceux qui ont plus de 15 les cours avancés. Sachant qu'au total il y a 200 élèves, combien d'élèves devraient-il y avoir dans chaque groupe ?

2) Pour éviter d'avoir trop ou trop peu d'élèves dans chaque groupe, l'équipe décide que les 20 % des élèves les plus en difficulté suivront le rattrapage et les 10 % des élèves les plus doués les cours avancés. À partir de quelles notes les élèves seront-il affectés dans l'un ou l'autre groupe ?

17 CORRIGÉS

Exercice 1

Tous les types de quantiles n'ont pas de nom spécifique, nous les décrivons alors par rapport à leur point de coupe.

1) Dans ce cas, il est intéressant de présenter la médiane (qui coupe l'échantillon en deux parties égales). Les autres quantiles intéressants à présenter dépendent des valeurs que peuvent prendre la variable, mais également de la taille de l'échantillon. Si l'échantillon est suffisamment grand, il serait intéressant de présenter également les quantiles qui divisent l'échantillon en trois parts égales, par exemple.
2) En faisant l'hypothèse que l'échantillon est suffisamment grand, les types de quantiles intéressants à présenter seraient les quartiles et les déciles. Les premiers constituent une mesure classique couramment utilisée en psychologie, tandis que les seconds apportent plus d'information, par exemple sur les élèves ayant eu de très bonnes notes ou de très mauvaises notes.

Exercice 2

1) Il y a en fait 3 enfants classés ex æquo à la 3e place. Il s'agit d'une fille ayant l'identifiant 1 et de 2 garçons ayant les identifiants 15 et 18.
2) La note qu'ils ont obtenue est 5.
3) En termes d'absentéisme, la fille est classée 1re ex æquo avec le garçon qui a l'identifiant 15, alors que le garçon qui a l'identifiant 18 est classé 8e.

Exercice 3

1) On commence par noter la variable qui nous intéresse : $X \sim \mathcal{N}(12, 2)$.
Puis on note mathématiquement la question posée :
$P(X \leq 8) = ?$
On peut maintenant y répondre, en respectant la notation formelle :
$$P(X \leq 8) = P\left(\frac{X-12}{2} \leq \frac{8-12}{2}\right)$$
$$= P(Z \leq 2) = \Phi(-2) = 0{,}0228$$
La probabilité d'avoir 8 ou moins est de 2,28 %. Pour savoir combien d'élèves parmi les 200 se trouvent dans ce groupe, on multiplie cette probabilité par 200 : $0{,}0228 \times 200 = 4{,}56$
Il devrait y avoir 4 ou 5 enfants dans ce groupe.
On peut également retrouver la probabilité avec l'aide de R :
```
pnorm(8, mean=12, sd=2)
```
$P(X > 15) = ?$
$$P(X > 15) = 1 - P(X \leq 15)$$
$$= 1 - P\left(\frac{X-12}{2} \leq \frac{15-12}{2}\right)$$
$$= 1 - P(Z \leq 1{,}5) = 1 - \Phi(1{,}5)$$
Il y a 6,68 % des élèves qui ont plus de 15.
$0{,}0668 \times 200 = 13{,}36$
Il devrait y avoir 13 ou 14 enfants dans ce groupe.
De nouveau, on peut retrouver la probabilité avec l'aide de R :
```
1-pnorm(15, mean=12, sd=2)
```
2) La question est cette fois-ci inversée : on donne une probabilité, et il faut rechercher la valeur de z correspondante, puis revenir sur la loi normale utilisée. La question est la suivante :
$P(X \leq a) = 0{,}2$
On commence par recherche à quelle valeur de z correspond cette probabilité de 0,2. Cette fois, on la cherche à l'intérieur de la table. On peut voir que $u_{0,2005} = -0{,}83$. Ce n'est pas la valeur exacte, mais on se contentera de cette approximation ici.

On a donc la valeur de z, il est nécessaire de revenir à l'échelle de départ, en résolvant la petite équation suivante :

$$-0{,}83 = \frac{a-12}{2}$$

soit :

$$a = -0{,}83 \times 2 + 12 = 10{,}34$$

Les élèves qui ont 10,34 ou moins iront dans le groupe qui suivra des cours de rattrapage.
On peut utiliser la probabilité exacte (sans approximation) avec l'aide de R :

```
qnorm(0.2, mean=12, sd=2)
```

$P(X > b) = 0{,}1$

La table ne nous permet pas de trouver une probabilité plus grande que X. On inverse donc la question, qui donnera exactement la même réponse :
$P(X \leq b) = 0{,}9$
On cherche u : $u_{0,8997} = 1{,}28$
Et on résout l'équation :

$$1{,}28 = \frac{b-12}{2}$$

soit :

$$b = 1{,}28 \times 2 + 12 = 14{,}56$$

Les élèves qui ont plus de 14,56 iront dans le groupe qui suivra des cours avancés.
Avec R :

```
qnorm(0.9, mean=12, sd=2)
```

COURS 18 Indices de forme

[MOTS-CLÉS : aplatissement, asymétrie, diagramme quantile-quantile, kurtosis, normalité]

DÉFINITION

Les **indices de forme** indiquent l'allure générale de la distribution, la comparant le plus souvent à une loi normale.

1 L'asymétrie

- Une distribution est **symétrique** si sa répartition a les mêmes proportions de chaque côté d'une valeur centrale. La distribution normale est par exemple parfaitement symétrique.
- Les différents types d'**asymétrie** ont été définis dans le **cours 12** : asymétrie positive (distribution étalée vers la droite) et négative (distribution étalée vers la gauche).

Exemples de distributions avec asymétries positive et négative

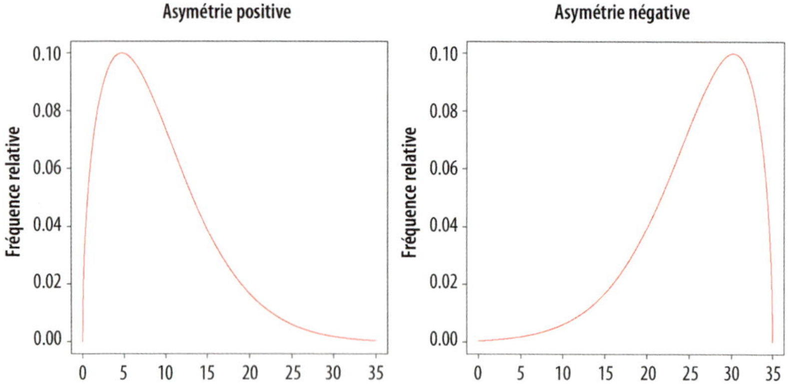

- Il existe des indices qui permettent de **résumer et quantifier** avec un seul nombre l'asymétrie d'une distribution. L'un des plus utilisés est le **coefficient de Fisher**, du nom d'un célèbre statisticien dont vous entendrez parler de nombreuses fois.
- Il se calcule de la manière suivante :
  - On calcule la **moyenne** de la distribution : $\bar{x}$
  - On **soustrait** à chaque observation la moyenne : $x_i - \bar{x}$
  - On élève chaque observation au **cube** (c'est ce qu'on appelle le **moment centré d'ordre 3**) : $(x_i - \bar{x})^3$. Le cube permet de conserver le signe, contrairement au carré, et on saura donc si les valeurs sont plutôt en dessous ou au-dessus de la moyenne
  - On **somme** ces valeurs et on **divise par n**, le nombre d'observations, soit la formule de cet indice appelé m_3 :

$$m_3 = \frac{1}{n} \sum_{i=1}^{n} (x_i - \bar{x})^3$$

- Si la distribution est symétrique, $m_3 = 0$. Pour une distribution avec asymétrie positive, $m_3 > 0$ et pour une distribution avec asymétrie négative, $m_3 < 0$ (vous comprenez maintenant mieux pourquoi on parle d'asymétrie positive et négative !).
- Le problème de cet indice est qu'il ne permet pas de quantifier l'importance de l'asymétrie, qui dépend de l'unité de mesure de la variable. En effet, m_3 est centré, mais n'est pas réduit. Le **coefficient de Fisher** (noté g_1) résout ce problème, en divisant m_3 par le cube de l'écart-type (s^3) :

$$g_1 = \frac{m_3}{s^3}$$

- L'asymétrie s'exprime cette fois-ci en unités d'écarts-types.

Application. Asymétrie de la distribution d'un test d'intelligence logique

Un psychologue dispose de données sur des enfants souffrant d'autisme extrêmement doués en mathématiques. Il fait passer un test d'intelligence logique (noté de 0 à 50) et obtient les résultats suivants :

Données brutes des résultats au test d'intelligence logique

Enfant	Score	$x_i - \bar{x}$	$(x_i - \bar{x})^3$
1	45	45 – 45,6 = –0,6	$(-0,6)^3$ = –0,216
2	46	46 – 45,6 = 0,4	$0,4^3$ = 0,064
3	46	46 – 45,6 = 0,4	$0,4^3$ = 0,064
4	49	49 – 45,6 = 3,4	$3,4^3$ = 39,304
5	32	32 – 45,6 = –13,6	$(-13,6)^3$ = –2515,456
6	44	44 – 45,6 = –1,6	$(-1,6)^3$ = –4,096
7	47	47 – 45,6 = 1,4	$1,4^3$ = 2,744
8	47	47 – 45,6 = 1,4	$1,4^3$ = 2,744
9	48	48 – 45,6 = 2,4	$2,4^3$ = 13,824
10	45	45 – 45,6 = –0,6	$(-0,6)^3$ = –0,216
11	48	48 – 45,6 = 2,4	$2,4^3$ = 13,824
12	46	46 – 45,6 = 0,4	$0,4^3$ = 0,064
13	47	47 – 45,6 = 1,4	$1,4^3$ = 2,744
14	42	42 – 45,6 = –3,6	$(-3,6)^3$ = –46,656
15	47	47 – 45,6 = 1,4	$1,4^3$ = 2,744
16	49	49 – 45,6 = 3,4	$3,4^3$ = 39,304
17	43	43 – 45,6 = –2,6	$(-2,6)^3$ = –17,576
18	50	50 – 45,6 = 4,4	$4,4^3$ = 85,184

L'histogramme montre que la distribution a une asymétrie négative :

Histogramme des résultats au test d'intelligence logique

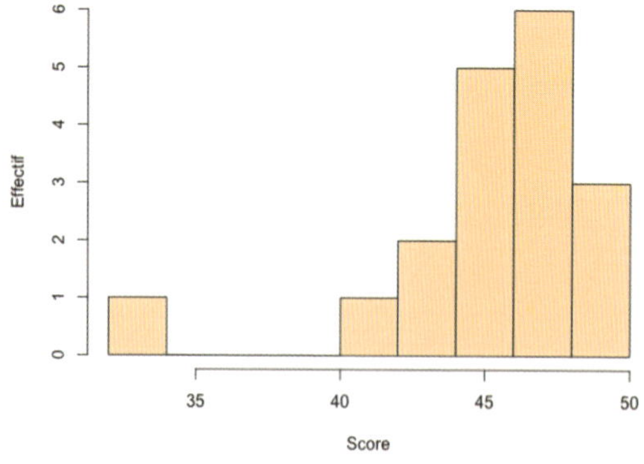

Pour calculer le coefficient d'asymétrie de Fisher, on commence par calculer le coefficient m_3. On calcule la moyenne, qui vaut 45,6 (821 ÷ 18). On calcule ensuite les écarts à la moyenne (colonne 3), puis on élève ces écarts au cube (colonne 4). On fait la somme de ces valeurs et on la divise par n pour obtenir le coefficient m_3 :

$$m_3 = \frac{-2381{,}608}{18} = -132{,}312$$

Ce coefficient indique qu'il y a une asymétrie négative, mais on ne sait pas si l'asymétrie est importante ou non. Pour cela, on calcule le coefficient de Fisher, après avoir calculé l'écart-type de la distribution qui vaut 3,99 :

$$g_1 = \frac{-132{,}312}{3{,}99^3} = -2{,}08$$

On peut donc en déduire que la distribution présente une importante asymétrie négative. Les valeurs sont fortement décalées vers la droite, montrant que cet échantillon d'enfants souffrant d'autisme réussit particulièrement bien le test d'intelligence logique.

Attention

Il existe des indices d'asymétrie plus rapides à calculer utilisant le mode et les quartiles. Ils sont toutefois moins fiables que le coefficient de Fisher, aussi nous vous conseillons d'utiliser le coefficient de Fisher (que le logiciel se chargera de vous fournir avec un effort minimum pour vous).

2 L'aplatissement

- Une autre mesure de forme d'une distribution est son **aplatissement**. L'aplatissement revient à considérer la dispersion de la distribution : une distribution très dispersée sera plus plate qu'une distribution peu dispersée.
- Il peut être utile de **résumer et quantifier** l'aplatissement à l'aide d'un indice, et c'est ce que permet de faire le **kurtosis**, ou **coefficient d'aplatissement**.
- Plus précisément, le kurtosis donne une information sur **les queues de distributions** : y a-t-il beaucoup de valeurs éloignées de la moyenne ?
- Le graphique ci-après illustre la notion d'aplatissement. La distribution verte correspond à une distribution normale. La distribution rouge a un aplatissement plus important que la distribution normale.

Exemples d'aplatissement de distributions

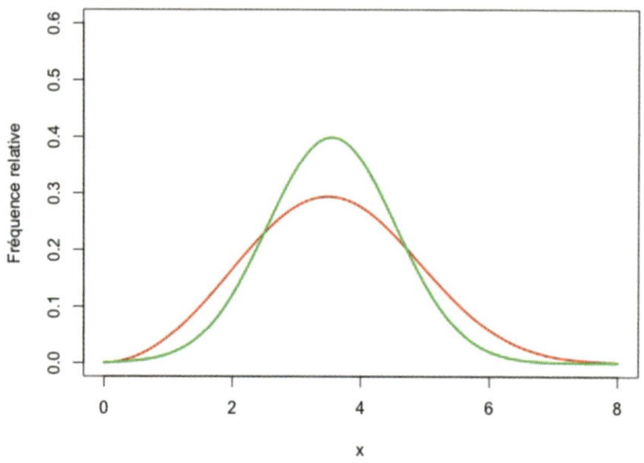

- Le calcul suit exactement le même principe que celui du coefficient de Fisher, mais en utilisant cette fois-ci le **moment centré d'ordre 4**:
  - On calcule la **moyenne** de la distribution: $\bar{x}$
  - On **soustrait** à chaque observation la moyenne: $x_i - \bar{x}$
  - On élève chaque observation à la **puissance 4** (c'est-à-dire le moment centré d'ordre 4): $(x_i - \bar{x})^4$. La puissance 4 ne conserve pas le signe, on aura donc un indice positif pour l'aplatissement;
  - On **somme** ces valeurs et on **divise par n**, le nombre d'observations, soit la formule de cet indice judicieusement appelé m_4:

$$m_4 = \frac{1}{n} \sum_{i=1}^{n} (x_i - \bar{x})^4$$

  - On résout le problème d'échelle en divisant m_4 par l'écart-type élevé à la puissance 4 (s^4), soit la formule suivante pour le kurtosis noté K:

$$K = \frac{m_4}{s^4}$$

  - Le coefficient kurtosis est grand s'il y a beaucoup de valeurs éloignées de la moyenne.
  - Fisher (on vous avait dit que vous entendriez beaucoup parler de lui!) a proposé une modification du kurtosis pour le rendre directement comparable à la loi normale, qui consiste à **soustraire 3 au kurtosis**, donnant l'indice K'. En effet, K = 3 pour une distribution normale.

$$K' = K - 3$$

- Si la distribution est parfaitement normale, **K' = 0**. Un kurtosis positif (**K' > 0**) indique que les queues comptent plus d'observations qu'une distribution normale. Un kurtosis négatif (**K' < 0**) indique que les queues comptent moins d'observations qu'une distribution normale.

Application. Aplatissement de la distribution des âges dans un centre de vacances

Une directrice de centre de vacances, ancienne statisticienne qui n'a pas perdu ses bonnes habitudes, souhaite évaluer l'aplatissement de la distribution des âges des enfants qui fréquentent son centre. Les âges des enfants sont les suivants :

Tableau de fréquences des âges des enfants du centre de vacances

Âge (x_i)	Effectif (n_i)	$x_i - \bar{x}$	$(x_i - \bar{x})^4$	$n_i \times (x_i - \bar{x})^4$
5	2	5 – 7,4 = –2,4	$(-2,4)^4$ = 33,18	2 × 33,18 = 66,36
6	8	6 – 7,4 = –1,4	$(-1,4)^4$ = 3,84	8 × 3,84 = 30,72
7	12	7 – 7,4 = –0,4	$(-0,4)^4$ = 0,03	12 × 0,03 = 0,36
8	10	8 – 7,4 = 0,6	$(0,6)^4$ = 0,13	10 × 0,13 = 1,3
9	6	9 – 7,4 = 1,6	$(1,6)^4$ = 6,55	6 × 6,55 = 39,3
10	2	10 – 7,4 = 2,6	$(2,6)^4$ = 45,70	2 × 45,70 = 91,4
Total	40			229,44

Pour calculer le kurtosis, on commence par calculer la moyenne, qui vaut 7,4. Pour calculer le kurtosis sur un tableau de fréquences, on retire la moyenne à chaque valeur de l'âge (x_i) (colonne 3). On élève cette différence à la puissance 4 (colonne 4). On multiplie ce résultat par l'effectif de cette valeur (colonne 5). On en fait la somme et on divise par n pour obtenir le coefficient m_4 :

$$m_4 = \frac{229,44}{40} = 5,736$$

On calcule ensuite le kurtosis en divisant par l'écart-type à la puissance 4, après avoir calculé l'écart-type, qui vaut 1,26 :

$$K = \frac{5,736}{1,26^4} = 2,28$$

4. Indices numériques

Le kurtosis est assez faible, ce qui semble indiquer que l'aplatissement de la distribution est faible. Calculons le coefficient d'aplatissement de Fisher K' pour pouvoir comparer cet indice à l'aplatissement d'une distribution normale :

$$K' = 2{,}28 - 3 = -0{,}72$$

On peut donc dire que l'aplatissement de la distribution est légèrement plus faible que celui d'une distribution normale. Les âges des enfants du centre de vacances sont moyennement dispersés. L'histogramme suivant en donne une représentation graphique, en superposant une distribution normale de moyenne 7,4 et d'écart-type 1,26 :

Histogramme des âges des enfants du centre de vacances

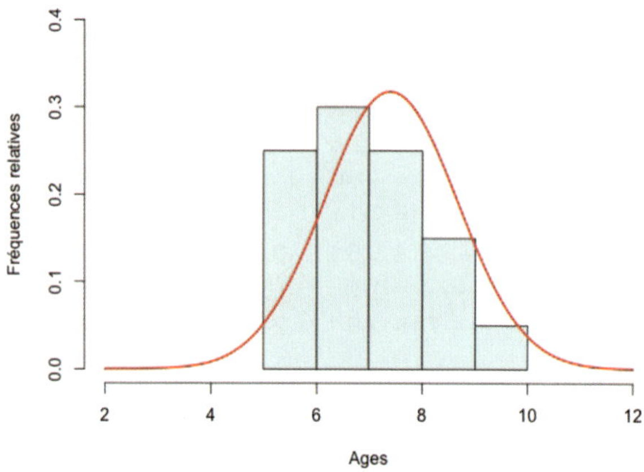

3 Le diagramme quantile-quantile

- Le **diagramme quantile-quantile** ou **diagramme Q-Q** est un outil graphique qui permet de voir si une distribution empirique suit une distribution théorique.
- La **distribution empirique** est celle obtenue sur l'échantillon qui fait l'objet de l'étude. La **distribution théorique** à laquelle on compare le plus souvent les données obtenues est la distribution normale, mais cela peut également être d'autres distributions (par exemple la distribution uniforme, binomiale ou de Poisson).
- Ce diagramme porte ce nom car on va **comparer les quantiles** de la distribution empirique à ceux de la distribution théorique et faire un diagramme en utilisant ces deux informations. Les quantiles sont présentés dans le **cours 17**.

Application. Diagramme quantile-quantile pour vérifier si une distribution est normale

On se demande si les données présentées dans l'histogramme ci-dessous suivent une loi normale. Au vu du graphique, on aurait tendance à répondre oui (et pour s'aider, on a représenté la loi normale correspondant aux paramètres de la variable étudiée).

Histogramme des données

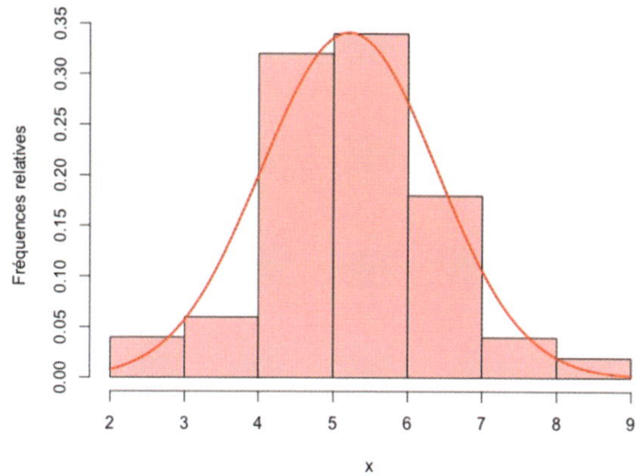

Le graphique quantile-quantile permet de donner une réponse plus précise :

Graphique Q-Q des données

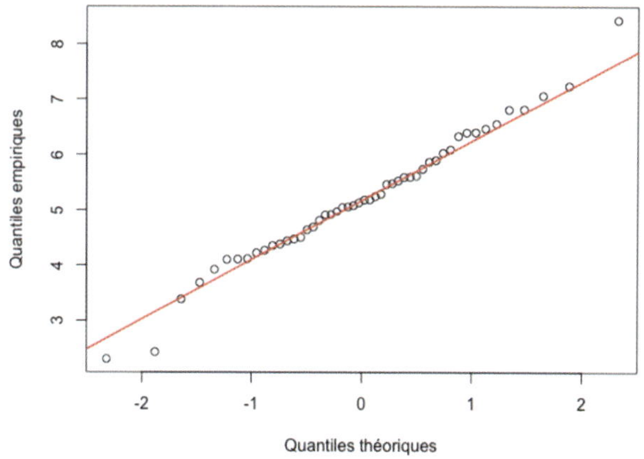

Si la distribution empirique (quantiles représentés sur l'axe des y) suit une loi normale (quantiles représentés sur l'axe des x), alors les points, qui correspondent chacun à une observation, devraient être alignés le long de la droite rouge. Si les points s'en écartent, cela signifie que les données ne sont pas normalement distribuées.
Dans cet exemple, les données sont plutôt normalement distribuées, mais on peut voir qu'elles s'écartent un peu de la normalité dans les queues de la distribution (les valeurs aux extrémités de la droite). C'est souvent le cas des distributions empiriques.

Attention

Pour tester si une distribution est normale, il existe aussi un test de statistique inférentielle, non présenté dans cet ouvrage. Ce dernier ayant des limites (selon la taille de l'échantillon notamment), la visualisation de la normalité d'une distribution à l'aide du graphique Q-Q et de l'histogramme est essentielle.

Application dans R. Les fonctions R utiles pour ce cours sont les suivantes :

- `skewness()` : fonction de la librairie *e1071* qui calcule le coefficient d'asymétrie de Fisher.
- `kurtosis()` : fonction de la librairie *e1071* qui calcule le coefficient d'aplatissement, le kurtosis.
- `qqnorm()` : fonction qui fait le diagramme Q-Q.
- `qqline()` : fonction qui ajoute la droite sur laquelle les observations doivent se trouver si la variable suit une loi normale.

18 EXERCICES

Exercice 1

Ce n'est sûrement pas une surprise... Voici donc, une fois encore, les 17 mesures de QI de l'exercice 2 du cours 15 :

131 95 100 73 104 85 120 97 79 132
71 97 121 82 98 104 90

Calculez les indices de symétrie (g_1) et d'aplatissement (K') proposés par Fisher et commentez-les.

Exercice 2

Lorsqu'une variable contient des valeurs extrêmes, à votre avis, quel va être leur impact sur la symétrie et l'aplatissement ? Indice pour vous aider : il y a trois cas à considérer.

Exercice 3

1) Parmi les exemples suivants, quelles sont les données qui sont normalement distribuées ?

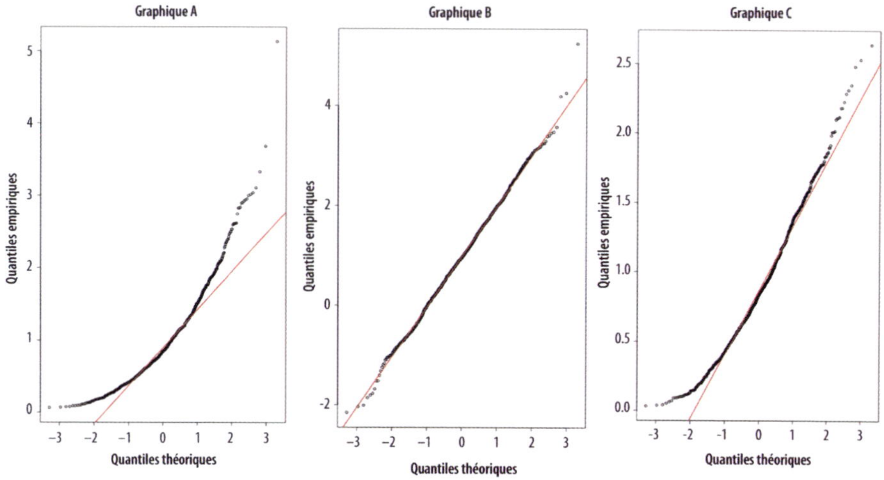

2) Reliez le diagramme Q-Q ci-dessus à l'histogramme correspondant ci-dessous.

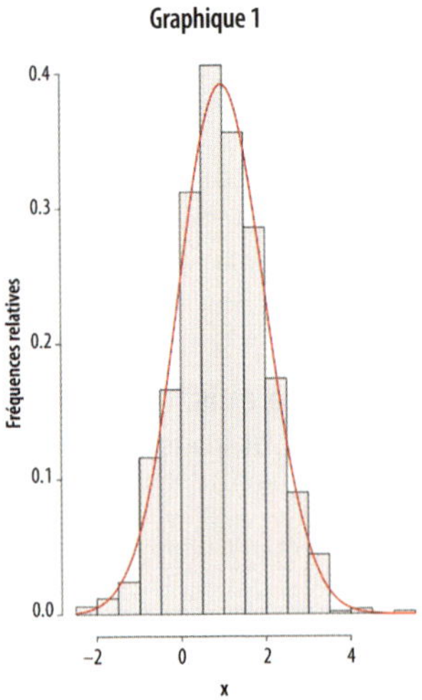

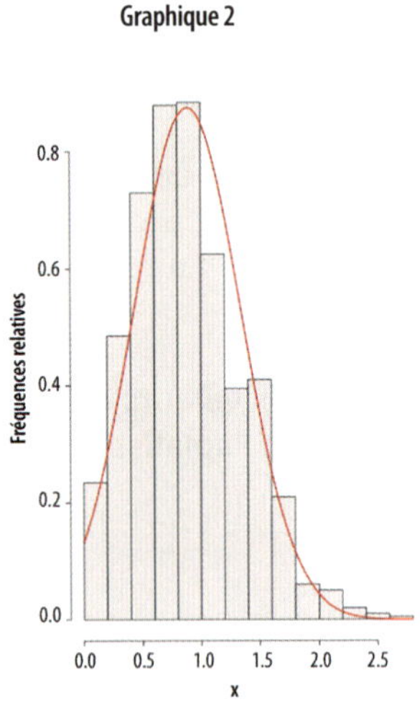

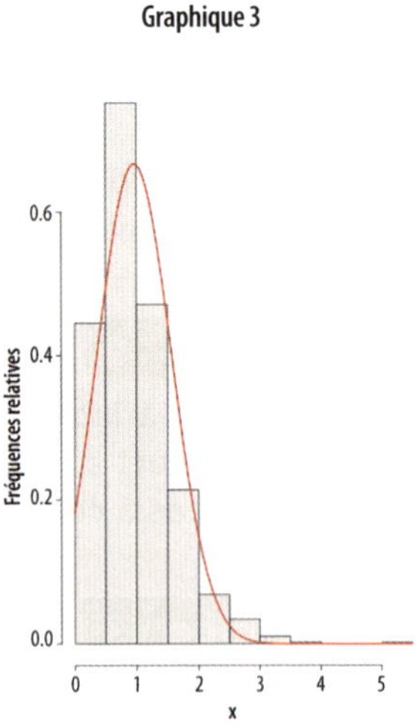

18 CORRIGÉS

Exercice 1

Le coefficient de symétrie de Fisher vaut 0,34. La distribution de cette variable a une légère asymétrie positive, c'est-à-dire que les données se trouvent un peu plus à gauche de la moyenne qu'à droite. Le coefficient d'aplatissement de Fisher vaut –1,01. Ce coefficient étant négatif, cela signifie que les queues de la distribution de cette variable contiennent moins d'observations qu'une variable normalement distribuée.

Exercice 2

1er cas : les valeurs extrêmes se trouvent uniquement à gauche de la moyenne :
Il y aura une asymétrie négative ($g_1 < 0$) et un coefficient d'aplatissement indiquant plus d'observations dans les queues (en l'occurrence celle de gauche) que si la variable avait été normalement distribuée ($K' > 0$).

2e cas : les valeurs extrêmes se trouvent uniquement à droite de la moyenne :
Il y aura une asymétrie positive ($g_1 > 0$) et un coefficient d'aplatissement indiquant plus d'observations dans les queues (en l'occurrence celle de droite) que si la variable avait été normalement distribuée ($K' > 0$).

3e cas : les valeurs extrêmes se situent également de part et d'autre de la moyenne :
Il y aura une distribution symétrique ($g_1 = 0$) et un coefficient d'aplatissement indiquant plus d'observations dans les queues que si la variable avait été normalement distribuée ($K' > 0$).
Ainsi, les deux indices donnent des informations complémentaires en vue de décrire la forme de la distribution de la variable.

Exercice 3

1) Seules les données du diagramme Q-Q B sont normalement distribuées. Les points sont alignés sur la droite, avec seulement quelques valeurs s'en écartant aux queues de distribution. Les données du diagramme Q-Q A s'écartent très nettement de la normalité et celles du diagramme Q-Q C un peu moins.
2) L'histogramme 1 correspond au diagramme Q-Q B, avec une distribution parfaitement normale. Les données de l'histogramme 3 correspondent au diagramme Q-Q A, qui s'écarte franchement de la normalité (ici avec une asymétrie positive). Enfin, l'histogramme 2 correspond au diagramme Q-Q C.

Partie 5

Introduction à R

COURS 19
Comprendre R

[MOTS-CLÉS : fonction, package, sauvegarde]

1 Histoire, documentation et installation

- R est un **logiciel d'analyse statistique** créé par Ross Ihaka et Robert Gentleman. C'est un rejeton **gratuit** du logiciel payant S-PLUS. R est distribué librement sous les termes de la GNU General Public Licence 4.
- Vous pouvez trouver en ligne un grand nombre de documents et tutoriaux permettant de se familiariser avec R. Nous allons présenter ici uniquement ce qui est utile pour les exemples de ce livre.
- Ce cours est basé sur celui d'Emmanuel Paradis (12 septembre 2005): https://cran.r-project.org/doc/contrib/Paradis-rdebuts_fr.pdf.
- R n'est pas un logiciel de type « menus à cliquer », mais se présente comme un **langage de programmation**. N'ayez pas (trop) peur, c'est un langage relativement intuitif et finalement assez simple (à la différence de « vrais » langages de programmation, tel C++).
- R est disponible à l'adresse suivante : https://cran.r-project.org.
- Nous conseillons de ne pas utiliser R directement, mais de le faire à travers un logiciel tiers, comme par exemple **R-Studio** (https://www.rstudio.com/products/rstudio/download3), gratuit également et qui intègre, dans une unique interface pratique, différents éléments tels que :
  - La **console** (partie gauche de l'interface), qui permet de saisir les commandes et constitue la fenêtre de sortie dans laquelle seront affichés les résultats ;
  - L'**environnement** (en haut à droite), dans lequel s'afficheront les objets créés, les fonctions et les bases de données importées ;
  - Une fenêtre (en bas à droite) avec différents onglets, dont certains vous seront particulièrement utiles : pour sélectionner des **fichiers** ou le répertoire de travail (« Files »), afficher les **sorties graphiques** (« Plot »), pour installer et gérer les **packages** ou encore afficher **l'aide** (« Help ») ;
  - Enfin, nous vous conseillons d'ouvrir un **fichier de syntaxe** en cliquant sur (en haut à gauche) et en sélectionnant « R script ». Ce

fichier vous permettra d'enregistrer toutes vos commandes, celles-ci ne pouvant être sauvegardées directement dans la console. Pour exécuter une commande dans le fichier de syntaxe, cliquez sur 

(ou utilisez le raccourci clavier *ctrl* + *Entrée* sous Windows et Linux, *cmd* + *Entrée* sous Mac OS). Il suffit d'appuyer sur *Entrée* si vous êtes dans la console.

- Une fois les deux logiciels (R et R-Studio) installés, il suffit de lancer R-Studio. Si vous n'avez pas installé R à l'emplacement par défaut, R-Studio va vous demander où il se trouve. Il suffit alors de lui montrer le chemin.

2 Principes de bases

- R est un langage dit « **orienté objet** ». Quand R est utilisé, les variables, les données, les fonctions, les résultats, etc. sont stockés dans la mémoire de l'ordinateur sous forme d'**objets** qui ont chacun un **nom**. L'utilisateur créé et nomme les objets comme il le souhaite (mais en respectant certaines règles décrites plus loin), puis agit dessus avec des **opérateurs** (arithmétiques, logiques, de comparaison...) et des **fonctions** (qui sont elles-mêmes des objets).
- R fonctionne en faisant appel à des librairies (**packages**), dans lesquels les fonctions nécessaires aux analyses statistiques sont stockées. À l'installation de R, un certain nombre de packages sont installés en même temps, dont par exemple le très important package *base* qui est en quelque sorte le cœur de R et contient les fonctions de base de son langage, en particulier pour la lecture et la manipulation des données. Les packages sont enregistrés dans une bibliothèque localisée sur le disque dur dans le répertoire R_HOME/library (R_HOME désignant le répertoire où R est installé). Mais selon ce que vous voulez faire, il est nécessaire d'installer de nouveaux packages. Vous pouvez le faire en allant dans l'onglet « Packages » et en sélectionnant « Install », ou en utilisant le menu « Tools » → « Install Packages... ». Veillez à ce que la case « Install dependencies » soit cochée afin que R installe les autres packages nécessaires à l'exécution dudit package.
- Vous pouvez obtenir facilement de l'**aide** (en anglais) pour l'utilisation d'une fonction en faisant précéder son nom d'un point d'interrogation, par exemple `?table`, à taper dans la console ou la fenêtre de syntaxe. N'hésitez pas à en user et en abuser lorsque vous avez un doute, souhaitez mieux comprendre ou modifier un résultat ou un graphique.

- Vous pouvez indiquer à R dans quel **répertoire** travailler (par exemple sélectionner le dossier dans lequel vous avez mis tous les scripts et bases de données pour cet ouvrage). Pour cela, il existe au moins trois possibilités :
  - Via la commande `setwd`(« chemin d'accès ») en remplaçant « chemin d'accès » par l'emplacement de votre dossier. (La commande `getwd`() vous indique le répertoire actuel.) Le chemin d'accès doit être entre guillemets et les backslashs doivent être doublés (\\).
  - En utilisant l'onglet « Files » dans la fenêtre en bas à droite. Placez-vous dans le dossier que vous voulez utiliser comme répertoire de travail, puis cliquez sur More ▾ et sélectionnez « set as working directory ».
  - En utilisant le menu « Session » → « Set working directory » → « Choose directory... ».
- R comporte de nombreuses fonctions pour les analyses statistiques et les graphiques qui peuvent être **sauvegardés**.
  - Les **graphiques** sont visualisés immédiatement dans la fenêtre « Plot » et peuvent être exportés sous divers formats (jpg, png, bmp, etc.) en utilisant le bouton Export ▾ .
  - Les **résultats** des analyses statistiques sont affichés à l'écran dans la fenêtre d'output (la console) et les résultats peuvent être sauvegardés à part en faisant un copier-coller ou sauvegardés comme objets en nommant l'analyse, par exemple : `Table.sexe <- table(Data$Sexe)`.
  - Pour sauvegarder le **script** de la fenêtre de syntaxe, cliquez sur .
  - Si vous cliquez sur , vous sauvegardez tout **l'environnement de travail** (le script, les objets, les graphiques, etc.), mais pas le contenu de la console.
- La fenêtre de sortie ou **console** permet de faire des calculs directement (comme une machine à calculer très sophistiquée). Elle se présente comme suit :

```
>
```

- « > » est l'**invite de commande**. On peut ainsi calculer 3 + 5. On tape 3 + 5 après le signe « > » et on appuie sur *Entrée*, on obtient :

```
> 3+5
[1] 8
```

- Le chiffre 1 entre crochets indique que l'affichage commence au premier élément du résultat et que c'est un objet de type *vecteur* (voir **cours 20**). Le résultat peut être enregistré dans un **objet** grâce au symbole « <- » (qui symbolise une flèche) :

```
> p <- 3+5
```

- Cette commande ne produit pas de résultat mais enregistre dans l'objet nommé « p » le résultat du calcul. Pour obtenir le résultat, il faut taper le nom de l'objet pour afficher son contenu :

```
> p
[1] 8
```

- On peut aussi faire des opérations directement sur les objets :

```
> c <- 2+2
> d <- 2
> c*d
[1] 8
```

- On peut aussi faire des opérations directement sur les vecteurs (R multiplie alors élément par élément) :

```
> x <- c(1,2,3)
> e <- 2
> e*x
[1] 2 4 6
```

- Pour savoir quels sont les objets en **mémoire**, il faut utiliser la commande `ls()` :

```
> ls()
[1] "c" "d" "e" "p" "x"
```

  La liste des objets est également affichée dans la fenêtre « environment ».

19 EXERCICES

Exercice 1

1) Créer un objet (vecteur) que vous allez appeler « a » et qui contient, dans cet ordre, les valeurs 1, 2 et 3.
2) Créer un objet (vecteur) que vous allez appeler « b » et qui contient, dans cet ordre, les valeurs 3, 2 et 1.
3) Sans utiliser R, à votre avis, quel sera le résultat de :
   a) a + b
   b) a * b
   c) la moyenne de (a + b)
   d) la moyenne de (a * b)
4) Confirmer vos réponses à la question précédente à l'aide de R. Conseil : vous pouvez utiliser Internet pour trouver la fonction qui permet de calculer une moyenne si vous ne la connaissez pas encore.

Exercice 2

Soit les vecteurs suivants :

```
Un <- 6
Deux <- c(2,4)
Trois <- c(1,3,5,7)
```

À l'aide d'Internet,

1) calculer dans R le carré de Un
2) calculer dans R la racine carrée de Deux
3) calculer dans R la somme de Trois
4) calculer dans R le minimum et le maximum de Trois
5) calculer dans R le logarithme naturel de Deux
6) calculer dans R Un à la puissance Deux

19 CORRIGÉS

Exercice 1

1) `a <- c(1,2,3)`
2) `b <- c(3,2,1)`
3) a) 4, 4, 4 (1+3, 2+2, 3+1)
   b) 3, 4, 3 (1*3, 2*2, 3*1)
   c) 4
   d) 3.33333
4) a)
```
> a+b
[1] 4 4 4
```
   b)
```
> a*b
[1] 3 4 3
```
   c)
```
> mean(a+b)
[1] 4
```
   d)
```
> mean(a*b)
[1] 3.333333
```

Exercice 2

1)
```
> Un^2
[1] 36
```
2)
```
> sqrt(Deux)
[1] 1.414214 2.000000
```
3)
```
> sum(Trois)
[1] 16
```
4)
```
> min(Trois)
[1] 1
> max(Trois)
[1] 7
```
5)
```
> log(Deux)
[1] 0.6931472 1.3862944
```
6)
```
> Un^Deux
[1]  36 1296
```

COURS 20 Utiliser R

[MOTS-CLÉS : base de données, objet]

1 Les objets

- R travaille donc avec des **objets** (vecteurs, matrices, bases de données, etc.)
- Les objets, pour être conservés, ont un nom que vous leur donnez. Vous pouvez leur donner n'importe quel nom, mais en respectant certaines règles :
  - Le nom doit commencer par une lettre ;
  - Il peut contenir des lettres, des chiffres, des points et le tiret bas « _ » ;
  - R est sensible à la casse, c'est-à-dire qu'il fait la distinction entre les majuscules et les minuscules. Ainsi, « Score » ne renvoie pas au même objet que « score ». Si vous nommez un objet « Score » et que vous voulez l'afficher en tapant « score », vous obtiendrez un message d'erreur : `Erreur : objet 'score' introuvable`.

1.1 Les vecteurs

- Un **vecteur** est une variable dans le sens généralement admis. Dans R, un vecteur est une liste d'éléments du même type.
- Créons par exemple un vecteur pour enregistrer les notes de 10 élèves. On écrit :

```
> Scores <- c(3,6,1,1,5,4,3,4,4,5)
```

- La commande `c()` indique qu'il faut **combiner** les valeurs, c'est-à-dire créer un vecteur des 10 notes. Chaque note est séparée par une virgule. Il n'est pas nécessaire de mettre des espaces, mais vous pouvez en mettre pour rendre le script plus lisible. Ces 10 notes ont été enregistrées dans l'objet « Scores ».
- Pour accéder à un **élément** d'un vecteur (par exemple le 2e), on écrit le nom de l'objet suivi de crochets :

```
> Scores[2]
 [1] 6
```

- Les erreurs sont fréquentes au début de l'utilisation de R. Par exemple :

```
> Scores <- c(3,6,1,1,5,4,3,4,4,,5)
Error in c(3, 6, 1, 1, 5, 4, 3, 4, 4, , 5) : l'argument
10 est vide
```

  Il y a deux virgules, et donc un « argument » vide.

```
> Scores <- (3,6,1,1,5,4,3,4,4,5)
Erreur: ',' inattendu(e) in "Scores <- (3,"
```

  Vous avez oublié le « c » pour dire à R de combiner les valeurs.

```
> Scores <- c(3,6,1,1,5,4,3,4,4,%)
Erreur : unexpected input in "Scores <-
c(3,6,1,1,5,4,3,4,4,%)"
```

  Vous avez mis « % » au lieu de la valeur « 5 ».
  R vous « explique » les erreurs que vous faites, alors prenez bien le temps de lire les messages d'erreur, qui vous permettront de trouver où vous vous êtes trompés (et qui seront inévitables au début... et même plus tard).
- Les objets ont tous deux **attributs** intrinsèques : le mode et la longueur. Le **mode** est le type des éléments d'un objet. Il en existe quatre principaux : numérique, caractère, complexe et logique (FALSE ou TRUE). Nous utiliserons principalement les deux premiers.
- Pour connaître les **détails** d'un objet, on utilise la fonction `str()` :

```
> str(Scores)
 num [1:10] 3 6 1 1 5 4 3 4 4 5
```

  Cela signifie que la variable « Scores » est numérique et qu'elle contient 10 valeurs.
- Plus spécifiquement, la fonction `length()` donne le nombre d'éléments du vecteur (et peut être attribuée à un objet nommé n pour stocker la taille de l'échantillon) :

```
> n <- length(Scores)
> n
[1] 10
```

- On peut également créer une **variable qualitative** en utilisant du texte. Créons par exemple la variable « mention », qui comprend les mentions de 4 sujets, et affichons les détails de cette variable :

```
> mention <- c("très bien", "passable", "bien", "bien")
> mention
[1] «très bien» "passable"    "bien"    "bien"
> str(mention)
 chr [1:4] "très bien" "passable" "bien" "bien"
```

Notez que l'on crée une variable qualitative en utilisant des guillemets pour chaque réponse. La commande `str()` indique `chr`, ce qui signifie que la variable est une chaîne de **caractères** (character en anglais).

- Une variable qualitative sera ensuite transformée en **facteur** par la commande suivante : `mention <- as.factor(mention)`. Avec cette commande, on demande à R d'enregistrer l'ancien vecteur chaîne de caractères en facteur qui a des modalités (levels).
- La commande `factor()` s'utilise lors de la création d'une variable et `as.factor()` lorsqu'on veut changer son statut.

```
> mention <- factor(c("très bien", "passable", "bien",
"bien"))
> str(mention)
 Factor w/ 3 levels "bien","passable",..: 3 2 1 1
```

- Ce facteur a 3 modalités. On utilisera les facteurs plutôt que les chaînes de caractères dans les bases de données. On peut entrer les données sous forme numérique (plus court) et définir les niveaux en même temps à l'aide de l'argument `labels=` :

```
> Mention <- factor(c(1,2,2,1,3,2,2,2,1,3,2,1),labels=c(
"passable","bien","très bien"))
> str(Mention)
 Factor w/ 3 levels "passable","bien",..: 1 2 2 1 3 2 2
2 1 3 ...
> table(Mention)
Mention
 passable      bien très bien
        4         6         2
```

1.2 Les matrices

- Les **matrices** sont ces objets que vous avez pu découvrir (et adorer) dans les cours de maths. Ce sont des objets à deux dimensions, qui ressemblent à un tableur, avec des lignes et des colonnes.
- Voici une matrice avec 4 lignes et 3 colonnes :

3	2	4
1	2	3
2	5	4
4	4	1

- Dans R, cet objet, de type *matrix*, se crée de la matière suivante :
`M <- matrix(c(3,1,2,4,2,2,5,4,4,3,4,1),ncol=3,nrow=4)`
On indique ainsi qu'il y a 3 colonnes et 4 lignes. Les valeurs sont saisies en colonnes (et non en lignes comme nous avons l'habitude d'écrire).
- Pour accéder à un élément (une **cellule**) de cette matrice, on donne ses coordonnées entre crochets. Le premier argument représente les lignes et le second les colonnes, selon l'excellent moyen mnémotechnique LINCOLN : lignes-col(onnes).
```
> M[2,3]
 [1] 3
```
- Pour accéder à toute une ligne, on donne juste les coordonnées de la ligne :
```
> M[2, ]
 [1] 1  2  3
```
- Pour accéder à toute une colonne, on donne juste les coordonnées de la colonne :
```
> M[ ,3]
 [1] 4  3  4  1
```

1.3 Les fonctions

- Grâce aux **fonctions** (que l'on peut créer nous-mêmes ou qui sont déjà existantes dans R), on peut réaliser des choses plus compliquées. Par exemple la fonction `table()` permet de faire un tableau de fréquences (**cours 8**) :
```
> table(Scores)
Scores
1 3 4 5 6
2 2 3 2 1
```
La première ligne liste les modalités et la seconde les effectifs.

Attention

Avec R, une **fonction**, pour être exécutée, s'écrit *toujours* avec des parenthèses, même si elles ne contiennent rien (par exemple `ls()`). Si l'utilisateur tape le nom de la fonction sans parenthèses, R affichera le contenu des instructions de cette fonction. Une fonction est « nourrie » par des arguments. Les arguments peuvent être des objets (données, formules, expressions, etc.) dont certains peuvent être définis par défaut dans la fonction. Ces valeurs par défaut peuvent être modifiées par l'utilisateur avec les options.

2 Les bases de données

- Les objets de type *data.frame* sont des sortes de « super matrices », c'est-à-dire des matrices à deux dimensions (lignes × colonnes), mais dont les colonnes (les variables) peuvent être de **types différents**, contrairement aux matrices. Autrement dit, on peut avoir des variables qualitatives (facteurs) et quantitatives (numériques) dans le même tableau de données, ce qui est fort pratique en psychologie.
- **Importer une base de données** dans R est une tâche qui peut être faite de plusieurs manières possibles. Si vous voulez importer un fichier au format .csv, vous pouvez :
  - Utiliser les **menus** de R-Studio :
    Dans la fenêtre « Environment », sélectionnez « Import Dataset » → « from CSV... », puis allez chercher votre fichier au moyen du bouton « Browse » et cliquez sur « Import ».
  - Choisir le fichier de **manière interactive** en utilisant la commande : `data <- read.csv(file.choose())` et en allant sélectionner votre fichier.
  - Utiliser la **commande** pour importer les données :
    `data <- read_csv("chemin d'accès\\Data\\data.csv")`
    Dans ce cas, il faut remplacer « chemin d'accès » par la localisation de votre fichier (par exemple « C:\\Mes documents\\Statistiques » pour le dossier « statistiques » qui se trouve dans « mes documents ») et « data.csv » par le nom du fichier. (Rappel : les backslashs sont doublés.)
    Si vous voulez vous éviter d'avoir à saisir le chemin d'accès, il suffit de changer le répertoire de travail et d'indiquer comme répertoire le dossier dans lequel se trouve votre fichier. Dans ce cas, la commande suivante suffit :
    `data <- read_csv("data.csv")`
- Une fois la base de données importée, elle figure dans **l'environnement** (en haut à droite). Si elle n'y figure pas, inutile de chercher à faire des statistiques descriptives dessus... Cela paraît évident, mais c'est une erreur fréquente quand on commence avec R et que l'on se perd un peu dans les fenêtres et les commandes !

Attention
Au début, il n'est pas toujours facile d'importer les données sans faire d'erreur. N'hésitez pas à utiliser le menu de R-Studio, qui vous facilitera la vie, et à utiliser la fonction `head()` qui vous permettra de vérifier si l'importation s'est bien passée. Vous pouvez aussi vérifier le format des données (le séparateur peut être « , » ou « ; » ou « TAB », etc., pour les nombres décimaux, la « virgule » peut être soit « , » soit « . » , etc.).

Attention
R-Studio vous propose l'autocomplétion, ce qui permet de gagner beaucoup de temps et de garder votre patience en évitant un certain nombre d'erreurs (fautes de frappe, etc.). N'hésitez pas à l'utiliser.

- La base de données étant une sorte de **matrice**, vous pouvez accéder à n'importe lequel de ses éléments. Prenons une base de données nommée DATA qui contient 10 sujets et 4 variables (Identifiant, Sexe, Âge, Note).
  - Si vous voulez connaître la note (4e variable) du 3e sujet :
    `DATA[3,4]`
    Comme la base de données est une matrice, le premier argument représente également les lignes et le second les colonnes.
  - Si vous voulez connaître toutes les notes :
    `DATA[ ,4]`
    Ou
    `DATA$Note`
  - Si vous voulez connaître toutes les valeurs du sujet 3 :
    `DATA[3, ]`
  - Et si vous voulez connaître tous les sujets qui ont eu la note 5 :
    `DATA[DATA$Note==5, "Identifiant"]`
- Le $ est l'opérateur qui permet d'accéder à une variable de la base de données, comme par exemple `DATA$Note`. Cet objet devient un vecteur à une dimension. Si on veut connaître uniquement les notes des 4 premiers sujets, on tape `DATA$Note[1:4]`.
- Il est nécessaire de préciser à R sur quelle base de données on travaille puisque dans l'environnement, il peut y avoir plusieurs bases de données actives. Pour cela, on fait précéder le nom de la variable par le nom de la base de données (par exemple `DATA$Note`). Si on veut s'éviter d'avoir à préciser chaque fois le nom de la base de données, on peut utiliser la commande `attach()` : `attach(DATA)` permettra par exemple de faire des analyses en n'utilisant que le nom de la ou des variables puisque R sait sur quelle base de données travailler. Pour ne plus travailler sur cette base, il suffit d'utiliser la commande `detach()`.

Le tableau suivant donne un aperçu des objets contenant des données.

Objet	Mode	Plusieurs modes possibles dans le même objet ?
Vecteur	Numérique, caractère, complexe ou logique	Non
Facteur	Numérique ou caractère	Non
Matrice	Numérique, caractère, complexe ou logique	Non
Base de données	Numérique, caractère, complexe ou logique	Oui

Notez qu'il existe d'autres objets, mais nous ne les utilisons pas dans ce livre.

Attention

La fonction `attach()`, *a priori* très utile, est parfois considérée comme étant une mauvaise pratique... En particulier, elle est traître si on a plusieurs bases de données dans l'environnement de travail. Disons qu'elle est pratique quand on débute avec R et que l'on ne travaille qu'avec une seule base de données à la fois, mais il faudra ensuite abandonner tranquillement cette utilisation pour la remplacer par des approches peut-être plus complexes, mais beaucoup plus puissantes et claires, comme `with()` et `within()` (non présentées ici, mais c'est pour vous allécher...).

20 EXERCICES

Exercice 1

En utilisant la fonction `load()`, charger l'environnement appelé « Cours_20.RData »

1) Quels sont les objets présents ?
2) En utilisant la fonction `class()`, trouver le type de ces objets.
3) Quelles sont leurs dimensions ?
4) Quels sont les détails de ces objets (fonction `str()`) ?

Exercice 2

En utilisant la matrice de l'exercice précédent, répondez aux questions suivantes :

1) Quel nombre se trouve dans la cellule de la 3e colonne et de la 5e ligne ?
2) Que vaut la somme de tous les nombres de la 4e colonne ?

Exercice 3

En utilisant la base de données de l'exercice précédent :

1) Quelles sont les différentes professions exercées et combien d'individus y a-t-il par profession ?
2) Quel âge a l'individu « ncUZx » ?
3) Quelle est la répartition des sexes des loup-garous ?

Exercice 1

1) > ls()
```
[1] "Breton"  "Ernst"  "Magritte"
```
Il y a trois objets, nommées Breton, Ernst et Magritte.

2)
```
> class(Breton)
[1] "factor"
> class(Ernst)
[1] "data.frame"
> class(Magritte)
[1] "matrix"
```

3)
```
> length(Breton)
[1] 12
> length(Ernst)
[1] 4
> length(Magritte)
[1] 60
```

Attention

Pour les objets de type **matrice**, R renvoie le nombre de cellules, alors que pour les objets de type **data.frame**, il renvoie le nombre de colonnes. Pour connaître le nombre de lignes et de colonnes d'une matrice, il faut utiliser la fonction `dim()` :
```
> dim(Magritte)
[1] 12  5
```
Il y a donc 12 lignes et 5 colonnes (ce qui fait bien 60 cellules).

4)
```
> str(Breton)
Factor w/ 3 levels " Pataphysique",..: 3 3 1 2 2 2 1 1 3 3 ...
```
Breton est un facteur avec 3 niveaux. `str()` ne donne que le premier. Il faut utiliser la fonction `levels()` pour les afficher tous :
```
> levels(Breton)
[1] " Pataphysique"  "Cadavre.Exquis" "Dada"
```

```
> str(Ernst)
'data.frame':28 obs. of  4 variables:
$ iDentIfiaNt: Factor w/ 28 levels "BNorm","cZINJ",..: 24 7 25 11 18 19 2 12 17 27 ...
$ aGe        : num  38 23 12 33 23 31 33 13 19 37 ...
$ seX        : num  3 4 2 1 2 1 2 2 4 4 ...
$ ProFeSSion : Factor w/ 4 levels "dandy","loup-garou",..: 4 3 2 2 3 1 4 4 1 2 ...
```
Ernst est une base de données qui contient 28 observations et 4 variables.
```
> str(Magritte)
num [1:12, 1:5] 117 104 86 80 84 109 61 88 124 109 ...
```
Magritte est une matrice de 12 lignes et 5 colonnes.

Exercice 2

1)
```
> Magritte[5,3]
[1] 115
```

2)
```
> sum(Magritte[,4])
[1] 1141
```

Exercice 3

1)
```
> table(Ernst$ProFeSSion)
dandy   loup-garou
   7            9
métaphore  sans profession
        5                7
```
Il y a 4 professions différentes et, par exemple, il y a 5 personnes qui exercent la profession de métaphore (quelle chance !).

2)
```
> Ernst[Ernst$iDentIfiaNt==
"ncUZx","aGe"]
[1] 33
```
Cet individu a 33 ans.

3)
```
> table(Ernst[Ernst$ProFeSSion
=="loup-garou","seX"])
1 2 4
2 4 3
```
Cette étude étant libérale, il y a 4 choix possibles pour le sexe. Aucune personne pratiquant le métier de loup-garou ne s'est identifiée au sexe de type n° 3, et 3 personnes se définissent comme étant du genre 4.

CONCLUSION
J'adore la statistique !

[MOTS-CLÉS : j'adore la statistique, la statistique descriptive n'a plus de secret pour moi]

1 Apprendre la statistique descriptive

- L'objectif de cet ouvrage était de vous **initier** à la statistique descriptive et à la conduite de ce type d'analyse, aussi bien sur le plan conceptuel (quel indice choisir et quand) que sur le plan pratique (utiliser le logiciel R pour mettre en œuvre ces analyses).
- En expliquant pas à pas comment procéder et en vous permettant de comprendre pleinement à quoi correspondent les indices statistiques, nous espérons vous avoir rendus **autonomes** non seulement en ce qui concerne les indices et graphiques présentés dans cet ouvrage, mais également dans la recherche de nouveaux indices. On vous demande par exemple de calculer un indice de Gini ? Il n'est pas présenté dans cet ouvrage, mais qu'à cela ne tienne, une recherche sur Internet suffit amplement à trouver à quoi cet indice correspond et à le calculer (il s'agit en l'occurrence d'un écart moyen relatif).
- De la même manière, n'hésitez pas à **explorer les possibilités de R**, à tester différents graphiques, à faire varier les paramètres, la fonction « help » et les très nombreux tutoriels et forums en ligne vous permettant de résoudre les éventuels problèmes que vous pourrez rencontrer. Pratiquer est le meilleur moyen de maîtriser.
- Cet ouvrage a également éveillé votre **sens critique**, en vous rendant capable de voir les erreurs et raccourcis qu'il est possible de faire, aussi bien concernant les graphiques que la méthode, le choix et l'interprétation des indices. Comme nous sommes ambitieux, nous visons à vous apprendre à faire de la science avec conscience !
- Nous avons également mis l'accent sur **l'interprétation des résultats**. Obtenir des statistiques est une bonne chose, mais il faut également expliciter ce à quoi elles correspondent. Ainsi, donner K' ne suffit pas, il faut également expliquer en quoi l'aplatissement est intéressant et en quoi il constitue une caractéristique importante de votre échantillon. Présentez toujours vos résultats comme si vous vous adressiez à

des auditeurs/lecteurs qui ne connaissent pas les statistiques : misez sur la simplicité et la clarté plutôt que sur l'utilisation d'un jargon.

- Enfin, nous espérons que cet ouvrage a permis de vous faire **apprécier** la statistique et d'éveiller votre intérêt, sinon votre enthousiasme, concernant ses multiples possibilités.

2 La suite : la statistique inférentielle

- Il vous reste maintenant à tester formellement le lien entre vos variables et à généraliser les résultats de votre échantillon à la population. Ce sera l'objet du prochain ouvrage, *Statistique inférentielle*, à paraître bientôt dans la même collection !

ANNEXE
Table de la loi normale

Probabilités de la loi normale centrée-réduite (aire sous la courbe)

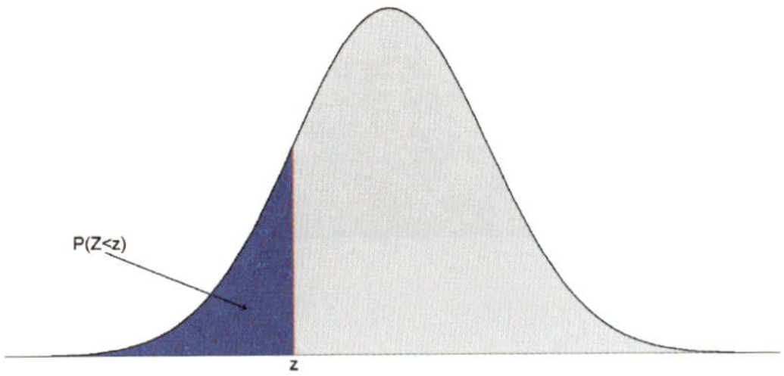

z	.00	.01	.02	.03	.04	.05	.06	.07	.08	.09
−3.4	.0003	.0003	.0003	.0003	.0003	.0003	.0003	.0003	.0003	.0002
−3.3	.0005	.0005	.0005	.0004	.0004	.0004	.0004	.0004	.0004	.0003
−3.2	.0007	.0007	.0006	.0006	.0006	.0006	.0006	.0005	.0005	.0005
−3.1	.0010	.0009	.0009	.0009	.0008	.0008	.0008	.0008	.0007	.0007
−3.0	.0013	.0013	.0013	.0012	.0012	.0011	.0011	.0011	.0010	.0010
−2.9	.0019	.0018	.0018	.0017	.0016	.0016	.0015	.0015	.0014	.0014
−2.8	.0026	.0025	.0024	.0023	.0023	.0022	.0021	.0021	.0020	.0019
−2.7	.0035	.0034	.0033	.0032	.0031	.0030	.0029	.0028	.0027	.0026
−2.6	.0047	.0045	.0044	.0043	.0041	.0040	.0039	.0038	.0037	.0036
−2.5	.0062	.0060	.0059	.0057	.0055	.0054	.0052	.0051	.0049	.0048
−2.4	.0082	.0080	.0078	.0075	.0073	.0071	.0069	.0068	.0066	.0064
−2.3	.0107	.0104	.0102	.0099	.0096	.0094	.0091	.0089	.0087	.0084
−2.2	.0139	.0136	.0132	.0129	.0125	.0122	.0119	.0116	.0113	.0110
−2.1	.0179	.0174	.0170	.0166	.0162	.0158	.0154	.0150	.0146	.0143
−2.0	.0228	.0222	.0217	.0212	.0207	.0202	.0197	.0192	.0188	.0183
−1.9	.0287	.0281	.0274	.0268	.0262	.0256	.0250	.0244	.0239	.0233
−1.8	.0359	.0351	.0344	.0336	.0329	.0322	.0314	.0307	.0301	.0294
−1.7	.0446	.0436	.0427	.0418	.0409	.0401	.0392	.0384	.0375	.0367
−1.6	.0548	.0537	.0526	.0516	.0505	.0495	.0485	.0475	.0465	.0455
−1.5	.0668	.0655	.0643	.0630	.0618	.0606	.0594	.0582	.0571	.0559
−1.4	.0808	.0793	.0778	.0764	.0749	.0735	.0721	.0708	.0694	.0681
−1.3	.0968	.0951	.0934	.0918	.0901	.0885	.0869	.0853	.0838	.0823
−1.2	.1151	.1131	.1112	.1093	.1075	.1056	.1038	.1020	.1003	.0985
−1.1	.1357	.1335	.1314	.1292	.1271	.1251	.1230	.1210	.1190	.1170
−1.0	.1587	.1562	.1539	.1515	.1492	.1469	.1446	.1423	.1401	.1379
−0.9	.1841	.1814	.1788	.1762	.1736	.1711	.1685	.1660	.1635	.1611
−0.8	.2119	.2090	.2061	.2033	.2005	.1977	.1949	.1922	.1894	.1867
−0.7	.2420	.2389	.2358	.2327	.2296	.2266	.2236	.2206	.2177	.2148
−0.6	.2743	.2709	.2676	.2643	.2611	.2578	.2546	.2514	.2483	.2451
−0.5	.3085	.3050	.3015	.2981	.2946	.2912	.2877	.2843	.2810	.2776
−0.4	.3446	.3409	.3372	.3336	.3300	.3264	.3228	.3192	.3156	.3121
−0.3	.3821	.3783	.3745	.3707	.3669	.3632	.3594	.3557	.3520	.3483
−0.2	.4207	.4168	.4129	.4090	.4052	.4013	.3974	.3936	.3897	.3859
−0.1	.4602	.4562	.4522	.4483	.4443	.4404	.4364	.4325	.4286	.4247
0.0	.5000	.4960	.4920	.4880	.4840	.4801	.4761	.4721	.4681	.4641

Probabilités de la loi normale centrée-réduite (suite)

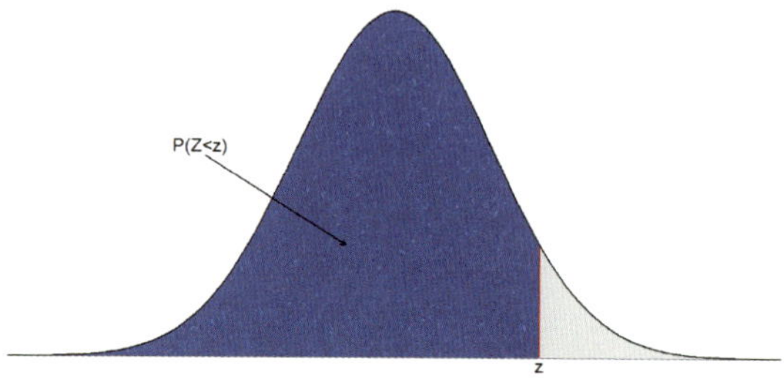

z	.00	.01	.02	.03	.04	.05	.06	.07	.08	.09
0.0	.5000	.5040	.5080	.5120	.5160	.5199	.5239	.5279	.5319	.5359
0.1	.5398	.5438	.5478	.5517	.5557	.5596	.5636	.5675	.5714	.5753
0.2	.5793	.5832	.5871	.5910	.5948	.5987	.6026	.6064	.6103	.6141
0.3	.6179	.6217	.6255	.6293	.6331	.6368	.6406	.6443	.6480	.6517
0.4	.6554	.6591	.6628	.6664	.6700	.6736	.6772	.6808	.6844	.6879
0.5	.6915	.6950	.6985	.7019	.7054	.7088	.7123	.7157	.7190	.7224
0.6	.7257	.7291	.7324	.7357	.7389	.7422	.7454	.7486	.7517	.7549
0.7	.7580	.7611	.7642	.7673	.7704	.7734	.7764	.7794	.7823	.7852
0.8	.7881	.7910	.7939	.7967	.7995	.8023	.8051	.8078	.8106	.8133
0.9	.8159	.8186	.8212	.8238	.8264	.8289	.8315	.8340	.8365	.8389
1.0	.8413	.8438	.8461	.8485	.8508	.8531	.8554	.8577	.8599	.8621
1.1	.8643	.8665	.8686	.8708	.8729	.8749	.8770	.8790	.8810	.8830
1.2	.8849	.8869	.8888	.8907	.8925	.8944	.8962	.8980	.8997	.9015
1.3	.9032	.9049	.9066	.9082	.9099	.9115	.9131	.9147	.9162	.9177
1.4	.9192	.9207	.9222	.9236	.9251	.9265	.9279	.9292	.9306	.9319
1.5	.9332	.9345	.9357	.9370	.9382	.9394	.9406	.9418	.9429	.9441
1.6	.9452	.9463	.9474	.9484	.9495	.9505	.9515	.9525	.9535	.9545
1.7	.9554	.9564	.9573	.9582	.9591	.9599	.9608	.9616	.9625	.9633
1.8	.9641	.9649	.9656	.9664	.9671	.9678	.9686	.9693	.9699	.9706
1.9	.9713	.9719	.9726	.9732	.9738	.9744	.9750	.9756	.9761	.9767
2.0	.9772	.9778	.9783	.9788	.9793	.9798	.9803	.9808	.9812	.9817
2.1	.9821	.9826	.9830	.9834	.9838	.9842	.9846	.9850	.9854	.9857
2.2	.9861	.9864	.9868	.9871	.9875	.9878	.9881	.9884	.9887	.9890
2.3	.9893	.9896	.9898	.9901	.9904	.9906	.9909	.9911	.9913	.9916
2.4	.9918	.9920	.9922	.9925	.9927	.9929	.9931	.9932	.9934	.9936
2.5	.9938	.9940	.9941	.9943	.9945	.9946	.9948	.9949	.9951	.9952
2.6	.9953	.9955	.9956	.9957	.9959	.9960	.9961	.9962	.9963	.9964
2.7	.9965	.9966	.9967	.9968	.9969	.9970	.9971	.9972	.9973	.9974
2.8	.9974	.9975	.9976	.9977	.9977	.9978	.9979	.9979	.9980	.9981
2.9	.9981	.9982	.9982	.9983	.9984	.9984	.9985	.9985	.9986	.9986
3.0	.9987	.9987	.9987	.9988	.9988	.9989	.9989	.9989	.9990	.9990
3.1	.9990	.9991	.9991	.9991	.9992	.9992	.9992	.9992	.9993	.9993
3.2	.9993	.9993	.9994	.9994	.9994	.9994	.9994	.9995	.9995	.9995
3.3	.9995	.9995	.9995	.9996	.9996	.9996	.9996	.9996	.9996	.9997
3.4	.9997	.9997	.9997	.9997	.9997	.9997	.9997	.9997	.9997	.9998

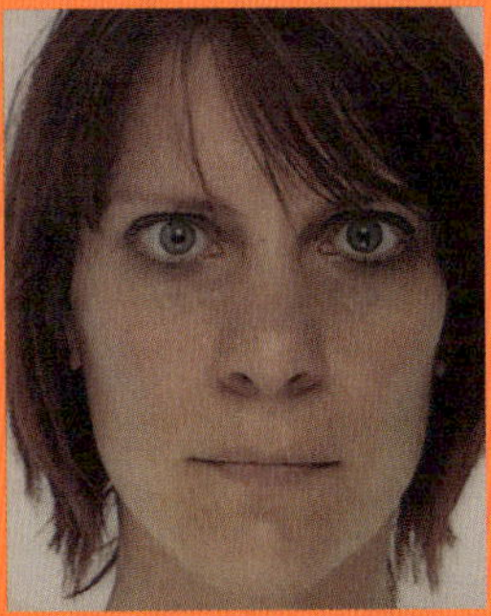

Stéphanie Baggio

Travailleuse compulsive qui aime apprendre le nom des fleurs de montagne ou monter à cheval. Quand elle est là-haut, ses collègues se félicitent et peuvent souffler. Aime éveiller les âmes à la beauté de la statistique. Traduction : Docteure en psychologie sociale et statisticienne, chargée de mission dans le service de médecine pénitentiaire des Hôpitaux Universitaires de Genève et première assistante à l'Institut des sciences sociale de l'Université de Lausanne. Mon domaine de prédilection est la vulnérabilité humaine dans une perspective d'épidémiologie de la santé, en particulier les phénomènes addictifs et les comportements de santé.

Stéphane Rothen

Cavalier qui aime jouer avec les nombres ou aider les personnes qui souffrent d'addiction(s). Acheteur pathologique de livres qui parfois écrit des articles scientifiques avec ses collègues. Ignorant qui adore enseigner. Traduction : Psychologue adjoint dans le service d'addictologie des Hôpitaux Universitaires de Genève, Privat-Docent à la Faculté d'économie et de management de l'Université de Genève. Mes domaines de prédilection sont la méthodologie de la recherche, l'utilisation abusive des concepts de statistique comme la p-valeur, et la psychothérapie existentielle, qui remet le patient au cœur de son projet de vie.

Stéphane Deline

À cheval sur la variabilité, c'est vers l'étude des différences individuelles qu'il aime galoper. Maniant nombres et formules, entre ses mains, les données s'arrangent et se combinent dans une douce mélodie. Traduction : Docteur en psychologie différentielle, ingénieur de recherche au sein du Laboratoire des sciences et techniques de l'information, de la communication et de la connaissance, Université Bretagne Sud. Mes domaines de prédilection sont le traitement et l'analyse de données en psychologie, afin d'en exploiter la richesse et mieux comprendre notre fonctionnement et notre adaptation au monde et aux situations les plus complexes.